新装版 ～天才・数学者読むべからず～

初めて学ぶ
トポロジー

石谷 茂 著

現代数学社

まえがき

　数学の領域のうちで，位相解析ほど，入門の解説の困難なものはないだろう．内容そのものが難解なのだから止むを得ないともいえるが，解説の道は多様で，定評のあるルートが確立していないことも障害になっていよう．本書はその上，力不足も加わり，災いを倍増させていやしないかと，気がかりである．

　位相解析の内容は豊富であるから，その入門の部分，いや入門の入門の部分であっても，懇切に解説しようとすると，かなりの頁数が必要になる．それを 11 章ほどの講義で済まそうとするのが無理かもしれない．

　位相空間の内容は，史的発生の過程を大づかみにたどれば，

　　'実数の集合 → n 次元ユークリッド空間 → 距離空間 → 一般位相空間'

となろう．大部分の本が，この順序を受け継いでいる．本書も，その例外ではないが，n 次元ユークリッド空間を距離空間の中に含め，3 段階にまとめてある．

　実数は位相空間の母体，ふるさととみられるものであるから，入門書としては，とばすわけにいかない．とはいっても，ここで凝りすぎるのは，登山にたとえれば，その準備のためにへこたれ，いざ山に登ろうとするとき息が切れるようなもので感心しない．それで最近は，ここをあっさりと通過する本が多くなった．

　位相の入門としては，実数の連続性を，どの程度に学び，どのように表現し，次の距離空間へ進む足がかりをつくるかが課題となろう．位相のもろもろの概念は，実数の連続性の中に，そのタネを宿している．連続性を種々の角度から分析し，それを育ててゆくところに，位相を学ぶ楽しさがある．「とんでもない，苦しみだよ」との声があることも承知しているが，苦しみと楽しみは紙一重であるとの古人の言にも真実味があることを思い出して頂きたい．

　後半には，証明の難解なところがあろう．もし，無理なら，とばして先へ進んでもよい．入門ではアウトラインをつかむことが大切．証明はひまなときに読み返せばよいものだというのが，筆者の持論である．

著者

目 次

まえがき

第1章 集合にも代数がある … 5
1. 部分集合 … 6
2. 集合の2項演算 … 8
3. 補集合 … 13
4. 順序対と直積 … 15
5. 集合族 … 17
   練習問題 … 19

第2章 関係と写像 … 21
1. 関係とその視覚化 … 21
2. 同値関係 … 24
3. 順序関係 … 27
4. 上限と上界 … 29
5. 対応 … 33
6. 写像とその合成 … 37
7. 写像と集合 … 44

第3章 実数の連続性をさぐる … 51
1. 数の拡張 … 52
2. 実数の正体のつかみ方 … 54
3. 推論の出発点 … 59
4. ワイエルストラスの公理 … 60
5. 数列の収束 … 63
6. 有界な単調数列 … 67
7. 縮小区間列の定理 … 68
8. 被覆定理 … 70
   練習問題 … 74

第4章 実数の完備性への道 … 76
1. 視覚化問答 … 76
2. 実数の空間化 … 78

  3．集積点 　　　　　　　　　　　　　　　　　81
  4．有界無限集合の性質 　　　　　　　　　　　84
  5．数列の部分列 　　　　　　　　　　　　　　87
  6．実数の完備性 　　　　　　　　　　　　　　90
  　　練習問題 　　　　　　　　　　　　　　　　94

第5章　連続な関数　　　　　　　　　　　　　　　97
  1．歩いてから考える 　　　　　　　　　　　　97
  2．実数について何を知ったか 　　　　　　　100
  3．公理間の論理関係について 　　　　　　　104
  4．関数の極限値 　　　　　　　　　　　　　107
  5．関数の極限値と近傍 　　　　　　　　　　110
  6．関数の極限と数列の極限 　　　　　　　　112
  7．連続関数 　　　　　　　　　　　　　　　115
  　　練習問題 　　　　　　　　　　　　　　　119

第6章　距離のある空間　　　　　　　　　　　　121
  1．距離とはなにか 　　　　　　　　　　　　121
  2．ユークリッド空間の距離 　　　　　　　　126
  3．いろいろな距離空間 　　　　　　　　　　129
  4．等距離写像 　　　　　　　　　　　　　　133
  5．距離空間の部分集合 　　　　　　　　　　135
  6．部分集合の直径と距離 　　　　　　　　　138
  　　練習問題 　　　　　　　　　　　　　　　142

第7章　点の個性を位相的にみる　　　　　　　　145
  1．トポロジーのねらい 　　　　　　　　　　145
  2．距離空間の近傍 　　　　　　　　　　　　147
  3．点の近傍による分類 　　　　　　　　　　150
  4．点の個性と集合との距離 　　　　　　　　154
  5．開集合 　　　　　　　　　　　　　　　　155
  6．閉集合 　　　　　　　　　　　　　　　　158
  7．孤立点と集積点 　　　　　　　　　　　　160
  8．極限点 　　　　　　　　　　　　　　　　161
  　　練習問題 　　　　　　　　　　　　　　　163

第8章　位相写像とはなにか　164

1. 常識の究明　164
2. 連続な写像の再現　166
3. 位相写像　172
4. 集合の位相性　176
5. 距離の同値　179
   練習問題　182

第9章　一様連続とコンパクト　186

1. 写像の連続をふり返る　186
2. 一様連続な写像　189
3. コンパクトとは何か　193
4. プレコンパクト　197
5. 可分とはなにか　200
6. 第2可算公理　202
7. リンデレーフ空間　204
8. 一様連続の定理　206

第10章　距離空間の完備性　209

1. コンパクトをふり返る　209
2. 距離空間の完備性　213
3. ノルム空間からバナッハ空間へ　221
4. ヒルベルト空間　225
   練習問題　230

第11章　位相空間の構成　232

1. 定式化のための逆転劇　232
2. 位相の定め方　234
3. いろいろの作用子　237
4. 近傍　243
5. 位相の定め方いろいろ　246
6. 連続写像　249

索引　254

第1章 集合にも代数がある

　縁台ですずみながら満天の星を仰いだ少年の日は忘れがたい．
「宇宙はだれが造った」
「神さまだ」
「その神さまはだれが造った」
「…………」
　無から有が生まれないことは数学でも変わらない．
「はじめに集合ありき」
　これが最近の数学の学び方である．とくにトポロジーでは，集合とのかかわり合いが深いから，最初に集合にふれないわけにはいかない．
　集合については，高校でも習うことになっているが「集合の 考えを……」といった 付帯条件があるためか，内容も指導も断片的で，トポロジーを学ぶ予備知識としては十分でない．とくに集合算には弱いようだから，さしあたって必要なことがらをまとめてみよう．また誤りがちな要点にもふれる予定である．

1. 部分集合

「集合とは……」とひらき直ってみたところで，国語的解釈の域を出ることはできない．数学にとって，国語的解釈は生産的ではなく，ときには有害ですらある．

当分の間，集合は A, B, X などの大文字で表わし，その元は小文字で表わすことにする．

研究の対象をきめたら，その対象について

「はじめに**相等**ありき」

とくるのが常識である．

A＝B は，A と B の元が完全に一致することであるが，このままでは役に立たないことが多いので，直ちに包含を持ち出さねばならない．

A が B の**部分集合**であることは

$$A \subset B$$

で表わすことにきめる．高校では A≡B を用いることに落ちついたらしいが，多少異論がある．真部分集合かどうかを見分ける必要はそう起きないし，集合に限って等号をつけてみたところで，これと対をなす論理記号 A⇒B で，等号を入れないとあっては，アンバランスである．

A＝B を確認するのに有効な方法は

$$A \subset B, \quad B \subset A \iff A = B$$

の応用である．

A が B に含まれ，しかも，B が A に含まれるならば A は B に等しい．および，この逆を示したもので，定理というよりは，相等の定義に近い．

左辺のカンマは「しかも」の省略．「または」は省略しないが「しかも」は省略するのが習慣である．数の計算で，＋は略さないが，×は略すのに似ている．「しかも」は「または」より**強い関係**とみているわけである．これには，それなりのわけがあるが，それを説明している余裕はない．とにかく，関係や演算では強弱を見分け，あるいは約束して，強い方は略すのが数学の表現上の常識なのである．

AがB含まれることの判定を，さらにくわしくしたのが
$$x \in A \Rightarrow x \in B$$
である．ここにも省略がある．

任意の元をxとしたとき

「xがもし，Aに属するならば，

　　xは**必ず**Bに属する」

ここで，本質的なのは「任意」の省略である．「任意の」は「すべての」，「どんな」で置きかえてもよい．

記号的表現をみて，その内容をパッと読みとれるようでないと，記号を用いた効能がない．知ったかぶって記号を用いる記号狂にはなりたくないものである．

多くの場合，集合に属する元は，具体的に示せないことが多いから，上の判定法が重要なのである．

たとえば，2つの整数 a, b の公約数の集合というとき，その元を具体的に示すわけにはいかない．

だから「a を b で割ったときの商を q, 余りを r としたとき，a, b の公約数の集合と，b, r の公約数の集合が等しい」ことの証明で，上の判定の効果が現われる．

　A＝a, b の公約数の集合

　B＝b, r の公約数の集合

A⊂B の証明

　Aの任意の元を x とすると
$$a = a'x,\ b = b'x \quad (a', b' \text{ は整数})$$
これらを $r = a - bq$ に代入して
$$r = (a' - b'q)x$$
x は r の約数でもあるから，b と r の公約数となって，Bに属する．

B⊂A の証明

　Bの任意の元を y とすると
$$b = b''y,\ r = r''y$$

これらを $a=bq+r$ に代入して

$$a=(b''q+r'')y$$

y は a の約数でもあるから，a と b の公約数となって，A に属する．

これに似た証明は，今後しばしば現われるから，いまから練習しておくのが望ましい．

否定の記号をまとめておこう

肯定　　＝　⊂　∈

否定　　≠　⊄　∉

否定はとかく誤りがち．「あわれ，われは否定に泣く」とならないように．
「約束するならば，ささげてもよい」
何を約束し，何をささげるかを詮索するひまに，正しい否定の文章を作ってみては．

問1　次の命題の否定を作れ．あまくみてはいけない．

(1)　$x \in A$, $x \in B$

(2)　$a < b$

(3)　$A \subset B$

2. 集合の2項演算

集合で基本になる2項演算は，∩と∪である．

$A \cap B$ は A，B の**共通集合**で，**共通部分**，**交わり**などという人もいる．共通部分は日常語で親しみを感じる．交わりはベン図で実感がともなうが，共通部分

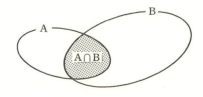

ほどではない．本稿では共通集合に統一しておこう．

A∪B は A, B の**合併集合**で，**和集合**，**結び**などという人もいる．和集合は悪くないが，元の個数の和と混同するおそれがあるから避けよう．結びは頂けない．join の直訳だから，日本人の語感にそぐわないようだ．きょうのよき日の縁結び，2 人仲よくマイホームとしゃれてみても，落語にもなるまい．本稿で

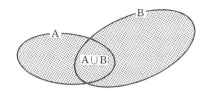

は，合併集合を用いることに統一しておきたい．

∩ と ∪ を 2 項演算と呼ぶことに抵抗を感じる読者もおろう．四則演算を一般化し，とにかく，2 つのものに対して 1 つのものが定まるとき **2 項演算**というのである．2 つの集合 A, B に対して，1 つの集合 A∩B が定まるから ∩ は 2 項演算である．∪ についても同じ．

どんな 2 つの集合に対しても，その合併集合は 1 つ定まるが，共通集合はそうはいかない．共通な元のない場合が起きるからである．この場合にも，共通集合があるようにするために考え出されたのが，実は**空集合**である．

空集合には φ を用いる人が圧倒的に多い．

空集合をどんな集合の部分集合ともみることに奇異の感を抱く人は意外に多い．約束であるといってしまえば万事終りと思うのは数学者ぐらいである．

「どうしてそうきめるの？」

こう素朴な疑問を抱くのが庶民と子供の特権である．この特権を無視する資格は，天才ならともかく，数学者にはないだろう．

「きめるからにはきめる理由があるはず」と思うのが，知慧の実をかじった人間の宿命だからである．

集合 X が A に含まれる条件にもどってみよう．それは，どんなもの x を選んでも

$$x \in X \Rightarrow x \in A$$

となることであった．

ここで，Xを空集合ϕで置きかえてみると

$$x \in \phi \Rightarrow x \in A \qquad ①$$

仮定の$x \in \phi$はつねに偽で，結論の$x \in A$はxの選び方によって，真のことも，偽のこともある．ところが，論理学をみると，条件文は，仮定が偽のときは，結論の真偽に関係なく真である．だから論理学を尊重する限り，①は真になる．①が真ならば

$$\phi \subset A$$

を真と認めざるを得ない．Aの選び方も任意だから，空集合はすべての集合の部分集合になる．

これで，庶民の不安は解消された．次は数学者の不安である．

「ϕは本当に1つだけか」

庶民の思考とは縁のない疑問であろう．

「そこまで疑ったら暮せまい」

と人情の厚い庶民は思う．人情の割り込む余地のないのが数学である．

「1つしかない」を証明する常套手段は「2つあったとすると矛盾」である．

空集合が2つ以上あったとし，そのうちの2つをϕ_1, ϕ_2としよう．

ϕ_1はどんな集合にも含まれるから，当然ϕ_2にも含まれるので

$$\phi_1 \subset \phi_2$$

となり，同じ理由で

$$\phi_2 \subset \phi_1$$

となるから，結局

$$\phi_1 = \phi_2$$

これで1つしかないことが確認された．

この空集合を認めると，空集合を含めて，どんな2つの集合に対しても，共通集合と合併集合は1つずつきまる．なぜかというに

$$\phi \cap A = A \cap \phi = \phi$$
$$\phi \cup A = A \cup \phi = A$$

となるからである．

2つの演算∩と∪については，いろいろの法則が成り立つが，それを総花的に挙げては，読者の数学アレルギーが高じよう．ベン図をみればすぐ分るもの，たとえば交換律，結合律などは避け，集合算に特有なものを挙げてみる．

べき等律　$A \cap A = A$, $A \cup A = A$

集合からみて当然だが，数にはみられない性質である．

分配律
$$P \cap (A \cup B) = (P \cap A) \cup (P \cap B) \qquad ①$$
$$P \cup (A \cap B) = (P \cup A) \cap (P \cup B) \qquad ②$$

実数では分配律は1つで，くわしくは，乗法の加法に対する分配律であった．集合には

　　∩の∪に対する分配律（①）

　　∪の∩に対する分配律（②）

の2つがある．

数の場合ほど見やすくないのは，演算記号の省略がないためである．①で∩を略してみよ．②では∪を略してみよ．分配の感じを増すだろう．

実数では，加法＋よりも乗法×を強いとみるから×を略す．ところが集合では，∩と∪は平等であって，強弱をきめかねるので，一方を略さないことが多い．双生児は養育では差別が禁物なのに似ていよう．

分配律の証明は，ベン図を使ったもので十分である．「任意の元をxとし，$x \in P \cap (A \cup B)$ならば……」とやってみても，and と or の論理的迷路にはまり込むだけで，実益は少ない．ウソだと思うならためしてみるがよい．

分配律とべき等律の応用として，ぜひやってほしいのは，次の問である．

問2　次の等式を証明せよ．
$$A \cap (A \cup B) = A \cup (A \cap B)$$

共通集合，合併集合と部分集合との関係で基本になるのは，次の3つである．

$$A \cap B \subset A, \quad B \subset A \cup B \qquad ③$$

$$\left.\begin{array}{l} A \subset X \\ B \subset Y \end{array}\right\} \Rightarrow A \cap B \subset X \cap Y \qquad ④$$

$$\left.\begin{array}{l} A \subset X \\ B \subset Y \end{array}\right\} \Rightarrow A \cup B \subset X \cup Y \qquad ⑤$$

いずれも，∩と∪の意味から，ただちに分る程度のものであるが，念のため図によって実感を深めておこう．「ハダで感じる」とまではいかないが，「目で感じる」は確実．

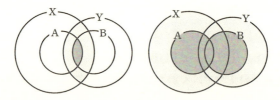

これら3つの定理は，⊂と＝に関する問題の解決に極めて有効である．

> **例**
> 次のことを証明せよ．
> $A \cap B = A \iff A \subset B$

同値 $\iff$ の証明は，$\Rightarrow$ と $\Leftarrow$ に分解して行う．
($\Rightarrow$ の証明)
仮定によって $A = A \cap B$，③から $A \cap B \subset B$
　　　　∴ $A \subset B$
($\Leftarrow$ の証明)
集合の相等＝の証明は，⊂と⊃に分解して行う．
③によって $A \cap B \subset A$ はあきらか．
次に，$A \subset A$ と，仮定の $A \subset B$ に，④を用いて
　　　$A \cap A \subset A \cap B$　　∴ $A \subset A \cap B$
以上から
　　　　$A \cap B = A$

例の命題は，集合算でみると，式を簡単にするのに欠かせない． A, B が無関係であれば，$A \cap B$ はこれより簡単にはならないが，もし，AがBに含まれている事実に気付けば，Bを略してAに等しいと置ける．
また，この命題は，演算∩によって，包含関係⊂を定めうることを示す．こ

の事実は，束論という数学でも重要である．

　実数における四則演算と大小関係とから，以上に似た性質をみつけるのは楽じゃない．強いて挙げるとすれば，次の式か．

$$|a-b|=a-b \iff a\geqq b$$

3. 補集合

　思考や行動に当って，1つの集合を固定し，その部分集合を取扱うとき，最初に固定した集合が**全体集合**である．

　全体集合を表わす記号は，人により異なり，空集合ほどの統一がみられない．universal set の頭文字 U を用いるのは，近傍(Umgebung)と混同するおそれがあるから，トポロジーでは好ましくない．全体集合は，演算∩に対して，実数の 1 に似た性質をもつことを考慮し，大文字 I を用いることもある．本稿ではE，Xなどを用いることにする．自然数，整数，有理数などの特定の集合では，慣用の記号

　　自然数　整数　有理数　実数　複素数
　　　N　　Z　　Q　　　R　　C

を尊重して行きたい．

　全体集合の元のうちで，部分集合Aに属さないものの集合がAの**補集合**である．

　Aの補集合を表わす記号をみると，高校ではĀが圧倒的に多く，これに統一しようとする姿勢が見られる．トポロジーではこの記号を，閉包(closure)を表わすのに用いることが多いのでかんしんしない．A′を用いた本も多いが，本稿ではcomplementを考慮し A^c を用いることにする．

　1つのものに対して1つのものを定めるのが**1項演算**であるから，補集合は

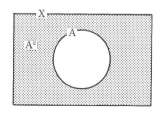

1項演算である．

あとで，いろいろの1項演算が出てくるが，その記号としては，上ツキの小文字を用いる予定である．

補集合 A^c の補集合は $(A^c)^c$ とかくべきであるが，慣用に従って A^{cc} を用いる．A^{cc} はあきらかに A 自身である．

$$A^{cc} = A$$

反数，逆数，対称移動などと共通な性質であることを注意しておこう．

$$-(-a) = a, \quad a^{(-1)^{-1}} = a$$

補集合に関する法則で重要なのは，**ド・モルガン**(de Morgan)**の法則**である．

$(A \cap B)^c = A^c \cup B^c$

$(A \cup B)^c = A^c \cap B^c$

応用の範囲が広いから，ベン図で確認し，アタマに定着させておきたい．

問3 次の□の中を補え．

(1) $A \cap A^c = \Box$ (2) $A \cup A^c = \Box$

(3) $A \subset B$ ならば $A^c \Box B^c$

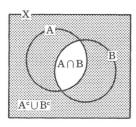
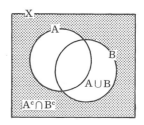

補集合の考えを，拡張したのが差集合である．集合 P に属し，集合 A に属さない元の集合を P, A の**差集合**または**差**といい，$P - A$ で表わす．この定義から

$$P - A = P \cap A^c$$

P の元から A に属するものを取り除くとみるのが実感派の見方．算数の引き算にも，求差と減少があった．求差が静的で，減少が動的である．

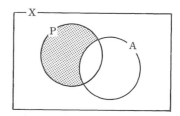

実感派には動的な思考が向く．

　差集合でも，Pを固定してみると，補集合の場合のド・モルガンの法則と全く同じ公式の成り立つことが，図解で確かめられる．

$$P-(A\cap B)=(P-A)\cup(P-B)$$
$$P-(A\cup B)=(P-A)\cap(P-B)$$

Pを全体集合で置きかえると，ド・モルガンの公式が出る．

　差集合の反復利用は，ミスの原因になるから，避けるのがよい．差の差はかんしんしない．

$$(P-A)-B \qquad ①$$

「式は左から順に計算する」という約束によれば，かっこを略して $P-A-B$ とかいてよい．この式が $P-(A-B)$ に等しくないことは，実数の差に似ているし，条件文で $(P\Rightarrow A)\Rightarrow B$ は $P\Rightarrow(A\Rightarrow B)$ に同値でないこととも似ている．式①のかっこは略さないのが無難なようだ．

問4 次の□の中には，何を補えばよいか．

$$(P-A)-B=P-(A\square B)$$

● 4．順序対と直積

　2つのもの a, b の集合は，{a, b} で表わすが，この記号では a, b の順序を問題にしないから，{b, a} を用いてもよい．

$$\{a, b\} = \{b, a\}$$

　また，うっかり，同じ元を2回かいて

$$\{a, b, a\}$$

としたとしても誤りではない．

　平面上の座標の記号 (a, b) では，a と b の順序が問題になるから，a と b を入れかえると，一般には異なる点になる．また (a, b, a) のように，数を増せば，たとえ同じ文字であっても，全く別のものになって，空間の点を表わす．

　一般に2つのもの a, b の対で，a, b の順序を問題にするときは (a, b) で表わし，ふつう**順序対**と呼んでいる．

「はじめに相等ありき！」

2つの順序対 (a, b), (a′, b′) は a と a′, b と b′ がともに等しいときに限って**等しい**と約束する．

$$(a, b) = (a', b') \iff a = a', b = b'$$

右辺のカンマは，and の略であることを忘れるようでは困る．

順序対の考えを，3つ以上のものへと拡張することはやさしい．

分数 $\dfrac{b}{a}$ を (a, b) で表わすと，順序対が等しいは，全く同じ分数を表わし，比の値が等しいとは異なる．学校では，比の値が等しいを＝で表わすから，順序対の等しいと混同する．

問5 $(a, b) = (b, a)$ となるのはどんな場合か．

2つの集合の元を組合せて作ったすべての順序対の集合が直積である．

すなわち，2つの集合 X, Y があるとき，X から任意の x を選び，次に Y から任意の元 y を選んで，順序対 (x, y) を作ると，(x, y) の集合ができる．この集合を X, Y の**直積**といい，

$$X \times Y$$

で表わす．

数学的説明は固苦しい．実例で肩のこりをほぐそう．洋服を販売するのに，色は{茶, 紺}を選び，サイズは {L, M, S} の3種に制限し，レッテルに(茶, L)

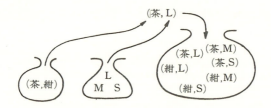

などとかくことにすれば，この記号は6種類できる．これが色とサイズの直積で

$$色 \times サイズ$$

とかくわけだ．

直積は3つ以上の集合へたやすく拡張される．

同じ集合の直積 $X \times X$ は X^2 ともかく．

2つの集合の直積は，2次元表で表わすか，または，座標の考えを用い点集合で図示する．

	L	M	S
茶	(茶, L)	(茶, M)	(茶, S)
紺	(紺, L)	(紺, M)	(紺, S)

R×R

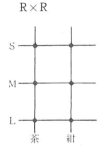

平面上のすべての点は，実数の集合をRとすると
すなわち R^2 によって表わされる．平面を R^2 と表わすのはこのためである．同じ方式によって，3次元空間は R^3 で表わす．

直積と部分集合の関係としては
$$A \subset X, B \subset Y \Rightarrow A \times B \subset X \times Y$$
が基本的である．

問6 □に何を補うのが適切か．
$$A \times B = \phi \iff A = \phi \square B = \phi$$

● 5. 集合族

いくつかの集合があれば，それらの集合を元とする第2の集合を考えることができる．
たとえば
$$\{\{a, b\}, \{a, c\}, \{b, c\}\}$$
集合の集合ではゴロが悪いし，分りにくくもある．そこで族というコトバが

登場する．集合の集合を，集合の族，略して**集合族**というのである．
「はじめに集合ありき」
　その集合として $E=\{a, b, c\}$ をとったとすれば，このすべての部分集合の族

　　　　ϕ, $\{a\}$, $\{b\}$, $\{c\}$

　　　　$\{a, b\}$, $\{a, c\}$, $\{b, c\}$, $\{a, b, c\}$

が考えられる．
　この集合族を E の**べき集合**といい，2^E で表わす．この奇妙な記号の使用にはわけがある．E の元の個数は 3 で，そのベキ集合の集合の個数は 2^3 である．一般に E の元の個数が n ならば，そのベキ集合の集合の個数は 2^n である．これが記号 2^E の由来である．2^E は数ではなく集合だ．誤解のないように．
　ここまでくると，ベキ集合をはじめに固定し，その部分集合，すなわち集合族を考えることになるわけで，ベキ集合が全体集合に変わる．つまり
「はじめにベキ集合ありき」
と，立場が変わり，取り扱う対象は主として集合と集合族になる．
　さて，ここで，集合族を表わす文字がほしくなった．集合族の中の集合は大文字だから，これと区別するとなると，ちょっと迷う．英文字の筆記体，ドイツ文字，ギリシャ文字など考えられるが，ギリシャの大文字

　　　　Γ（ガンマ）　Ψ（プサイ）　Ω（オメガ）

などを用いてみる．
　集合族 Ψ に属する n 個の集合を

　　　　$A_1, A_2, \cdots, A_n$

とすれば，これらの共通集合は

　　　　$A_1 \cap A_2 \cap \cdots \cap A_n$

と表わされる．しかし $\cap$ をいくつもかくのは，煩わしいので，数列の和の記法 $\sum_{i=1}^{n} a_i$ にならって

$$\bigcap_{i=1}^{n} A_i$$

で表わす．

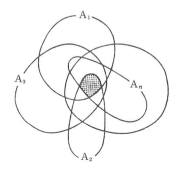

集合が無限数列をなす場合は n を ∞ にかえたのでよい．

以上のことは，合併集合についても同じこと．$\cap$ を $\cup$ にかえればよい．すなわち

$$A_1 \cup A_2 \cup \cdots \cup A_n$$

を，簡単に

$$\bigcup_{i=1}^{n} A_i$$

で表わす．

混同のおそれがないときは，添字の $i=1, n$ を略して $\cap A_i, \cup A_i$ とかいても差支えない．

問 7 $A_1=\{a, b, c\}$, $A_2=\{a, b, d\}$, $A_3=\{a, c, d\}$ のとき，次の集合を求めよ．

(1) $\bigcap_{i=1}^{3} A_i$ (2) $\bigcup_{i=1}^{3} A_i$

集合がもっと多くなったらどうするか．無限よりも多いは妙だが，それがありうるのだ．自然数の集合の無限より大きい無限とは何か．それに答えるのが集合論における集合の濃度の研究である．それは次の課題である．

練 習 問 題

1. m, n が任意の整数値をとってかわるとき，$3m+5n$ によって表わされる数の集合Aは，整数の集合Bに等しいことを証明せよ．

2. 次のことを証明せよ．
$$A \cup B = B \iff A \subset B$$

3. 次の等式を**吸収律**という．これを証明せよ．
$$A \cap (A \cup B) = A \cup (A \cap B) = A$$

4. 次の等式の両辺を $\cap$, $\cup$, および補集合で表わし，計算によって等しいことを示せ．
   (1) $P - (A \cap B) = (P - A) \cup (P - B)$
   (2) $P - (A \cup B) = (P - A) \cap (P - B)$

5. 線分 AB を $m:n$ に分ける点を $P = (m, n)$ で表わしたとすれば，2 点 $P = (m, n)$, $P' = (m', n')$ において $P = P'$ は，順序対の等しいと一致するか．

6. 次の等式は正しいか．
   (1) $P \times (A \cap B) = (P \times A) \cap (P \times B)$
   (2) $P \times (A \cup B) = (P \times A) \cup (P \times B)$

   これらの法則をどう呼んだらよいか．

7. 次の等式は正しいか．
   (1) $\bigcap_{i=1}^{n}(A_i \cap P) = (\bigcap_{i=1}^{n} A_i) \cap P$
   (2) $\bigcap_{i=1}^{n}(A_i \cup P) = (\bigcap_{i=1}^{n} A_i) \cup P$
   (3) $\bigcap_{i=1}^{n}(A_i \cap B_i) = (\bigcap_{i=1}^{n} A_i) \cap (\bigcap_{i=1}^{n} B_i)$
   (4) $\bigcap_{i=1}^{n}(A_i \cup B_i) = (\bigcap_{i=1}^{n} A_i) \cup (\bigcap_{i=1}^{n} B_i)$

   hint
1. $3 \times (-3) + 5 \times 2 = 1$ に着目．
2. $A, B \subset A \cup B$
3. $A \cap (A \cup B) \subset A$, $A \cup B$　　また $A, A \cap B \subset A \cup (A \cap B)$
4. $P - A = P \cap A^c$ などを用いる．
5. 一致しない．
6. 正しい．(1) $\times$ の $\cap$ に対する分配法則．
          (2) $\times$ の $\cup$ に対する分配法則．
7. (1) 正しい　(2) 正しい　(3) 正しい　(4) 正しくない

第2章 関係と写像

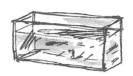

● 1. 関係とその視覚化

具体例として自然数をみると，これは数の集合で，素数，合成数は数の性質，互いに素は2つの数の関係，3は6と9の公約数であるは3つの数の関係とみられる．

このように，数学の内容は

もの，性質，関係

の3つから構成されているとみてよい．この見方は常識の域を出ないが，常識を精密化するのが科学であり，数学であるから，常識をたいせつにし，育てていく態度を軽視すべきではなかろう．

三者の関係を，あまり硬苦しく考えると，数学のかけがえのない性格——自由性がそこなわれる．性質をものに転化させることがあり，関係自身をものとみて，さらに上位の関係を考える立場もある．このようにして数学は抽象のレベルを限りなく高める志向性に，その未来を託している．

関係というからには，2つ以上のものについて考えられる概念である．

関係は，いくつのものに関するかによって **2項関係**，**3項関係** などと分けるが，基本になるのは2項関係である．

　　a はベクトル $\boldsymbol{a}$ の大きさである． ①

　　x と y は互いに素である． ②

　　AはBの部分集合である． ③

これらの例から分るように，関係は式で表わされているとは限らない．しかし，これは見かけ上のことで，

　① は　　　　$a=\sqrt{\boldsymbol{a}^2}$

　③ は　　　　$A\subset B$

と式で表現される．また②といえども，新しい記号を作るならば，いつでも式らしくできる．すでに，a,b の公約数を (a,b) で表わし

$$(a,b)=1$$

とかくことが試みられている．

　また，関係は，同種のものの関係とは限らない．② は整数どうしの関係，③ は集合どうしの関係であるが，① は非負の実数とベクトルとの関係である．また ② の x,y はともに整数ではあるが，異なる集合から選ばれることもあろう．

　したがって，2つの集合 X, Y を考え，X の元 x と Y の元 y との関係から話をはじめるのが一般的である．

　　たとえば

　　　　$X=\{1, 2, 3, 4, 5, 6\}$

　　　　$Y=\{1, 2, 5, 6, 7, 9, 10\}$

において，X の元 x と Y の元 y との関係として

　　R : x は y の素因数である．

を取り挙げてみる．

　すでに直積のところで知ったように，x, y は順序対 (x, y) で表わすならば，直積

　　　　$X \times Y$

の元になる．このような見方が現代流である．

　はじめの立場では，2つの集合 X, Y がともに全体集合で，あとの立場で

は，1つの直積集合X×Yが全体集合である．

この2つの立場を，単なる表現上の差と受けとるようでは，発展的でない．Rは，2つの孤立したもの x, y の関係から，1つのもの (x, y) の性質に転化し，質的発展をとげたと見るとき視野が拡大される．

全体集合	X, Y	⟶	X×Y
もの	2つのもの x, y	⟶	1つのもの (x, y)
R	関係	⟶	性質

関係があれば，それをみたすものとみたさないものとが区別される．関係Rをみたすものを拾い出してみると

　　(2,2)　(2,6)　(2,10)　(3,6)　(3,9)　(5,5)　(5,10)

これらの順序対のとき，関係Rを表わす文章「x は y の素因数である」は真になる．そこで，これらの順序対の集合**R**をRの**真理集合**という．いうまでもなく，**R**は全体集合 X×Y の部分集合である．

数学の社会科学への応用が拡まるに伴い，関係の視覚化は重要になりつつある．視覚化には，いろいろの方法がある．

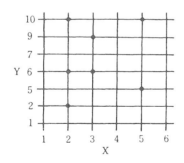

座標の考えを使い，格子点で表わした上の図を，ふつう関係の**グラフ**と呼んでいる．

このほかに，関係をみたす元どうしを線で結ぶものがある．慣用とはいいがたいが，**対応図**と呼んでおこう．要するに，紐をつけるのだから**紐つき図**と呼んでもよく，その方が実感的かもしれない．

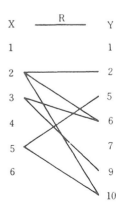

問 1 上の実例で，次の関係を考えるとき，そのグラフと対応図をかけ．
1) x と y は互いに素である．
2) $x \equiv y \pmod{5}$

関係の表わし方を具体例でみると，$a \parallel b, a \perp b, A \subset B, A \backsim B$ などのように，2つのものの間に記号を置く．これにならって，一般に2つのもの x, y の間に関係 R があることを

$$x R y$$

で表わすことが多い．

とはいっても，これが万能なわけではなく，順序対 (x, y) の形を保存して

$$R(x, y)$$

で表わすこともある．2変数の関数がその一例である．

● 2. 同値関係

関係の分類で重要なのは，どのような法則をみたすかによって分けるもので，この立場から分類したときに，基本的なのは

   同値関係 と 順序関係

である．

小学校以来親しんで来た2直線の平行には次の3つの性質がある．

  $a \parallel a$
  $a \parallel b$ ならば $b \parallel a$
  $a \parallel b, b \parallel c$ ならば $a \parallel c$

1つの直線 a が自分自身に平行というのには多少むりがあるが，平行な2直線が近づいて，遂に重なったと考えれば，納得できよう．

数に関する例として，比の相等をとると

  $a : b = a : b$
  $a : b = a' : b'$ ならば $a' : b' = a : b$
  $a : b = a' : b', \ a' : b' = a'' : b''$ ならば $a : b = a'' : b''$

この類似に目をつけ，一般化したのが同値関係である．すなわち，1つの集合 X の任意の2つの元の間の関係 R が，次の3つの条件をみたすとき **同値関係** という．

(1) 1つの元自身は関係Rをみたす．すなわち

$$xRx \qquad (反射律)$$

(2) x と y の間に関係Rがあれば，y と x の間にも関係Rがある．すなわち

$$xRy \Rightarrow yRx \qquad (対称律)$$

(3) x と y の間，および y と z の間に関係Rがあれば，x と z の間にも関係Rがある．すなわち

$$xRy, yRz \Rightarrow xRz \qquad (推移律)$$

同値関係というのは，要するに，相等の抽象化である．どんなものでも完全に等しいことは稀であるが，ある側面に目をつければ等しいことが多い．2つのものの一側面の等しいのが同値関係だと理解してほしい．

たとえば，平行線は位置は異なっても方向は等しいし，相似な図形は大きさは異なっても，形は等しい．また，合同の代表例である．

$$a \equiv b \pmod{k}$$

は，a, b を k で割ったときの余りが等しいこととみられる．

問2 次の関係のうち，同値関係はどれか
1) 2直線 a と b は垂直　　$a \perp b$
2) 2つの図形 A, B の合同　　$A \equiv B$
3) 2つの集合の包含関係　　$A \subset B$
4) 2つの実数 a, b は互いに素である．

1から10までの自然数において，"3で割ったときの余りが等しい"，すなわち関係

$$a \equiv b \pmod{3}$$

を考え，これを紐つき図で表わしてみる．

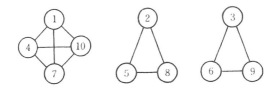

どの数も自分自身に関係をもつが，図では省略した．この図から気付くこと

は，関係をもつものどうしがかたまり，3つのグループを作ることである．このことは，どのような同値関係についてもいえることで，集合Xの2元の間に同値関係Rがあるときは，同値なものどうしを集めると，Xはいくつかの部分集合

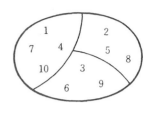

$$A_1, A_2, \cdots, A_n$$

に分けられる．しかも，この分け方は，次の2つの条件をみたす．
(1) 異なる2つの部分集合は共通の元をもたない．すなわち
$i \neq j$ のとき $A_i \cap A_j = \phi$
(2) すべての部分集合を合併すると，もとの集合Xになる．すなわち
$A_1 \cup A_2 \cup \cdots \cup A_n = X$

集合のこのような分け方を，**類別**，**クラス分け**などといい，分けて得られた部分集合を，**類**，**クラス**などという．類別は要するに日常語の分類である．日常語があるのに新語を用いるのは好きでないが，慣用に従った．

集合Xの元の間に同値関係があるときは，元の取扱い方に，次の2通りある．
(1) 同値な元を区別しない方法
(2) 同値な元でも区別し，その代りにクラスを1つのものとみて，考察の対象とする方法

実例でみると，分数における"値が等しい"は同値関係で，値の等しいものを区別する必要が少ないから，等号で結ぶのである．この取扱いは(1)の場合である．

整数を2で割った余りで分けると，偶数と奇数になる．このとき
　　　　偶数＋偶数＝偶数
　　　　偶数＋奇数＝奇数
　　　　奇数＋奇数＝偶数
などと表わしたとすると，この式の中の偶数，奇数は，偶数の場合，奇数の場合の意味で，クラスを表わし，(2)の取扱いに近い．

(2)の取扱い方では，すべてのクラスについて1つずつ適当な元を選び，ク

ラスを代表させるのが普通である．この元をクラスの**代表元**という．

偶数，奇数の代表元としては，それぞれ 0, 1 をとるのが適切である．

座標平面上のすべての直線を，同値関係"平行"で分けたとき，原点を通る直線によって，すべてのクラスを代表させることができる．原点を通る直線

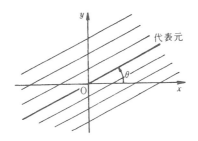

が x 軸となす角を θ $(0 \leqq \theta < \pi)$ として，θ によってすべての直線の方向を表わしたとすると，代表元を応用した例になる．

3. 順序関係

集合における包含，数における以上，以下などは，いずれも2つのものの関係で，その共通性に目をつけると，順序と呼ばれている関係が抽出される．

集合の包含をみると，次の3つの性質は特徴的である．

$A \subset A$

$A \subset B$, $B \subset A$ ならば $A = B$

$A \subset B$, $B \subset C$ ならば $A \subset C$

以上(以下)にも同様の性質がある．

$a \leqq a$

$a \leqq b$, $b \leqq a$ ならば $a = b$

$a \leqq b$, $b \leqq c$ ならば $a \leqq c$

そこで，一般化を試みる．集合 X の元の間の関係 R が，次の3条件をみたすとき，**順序関係**，略して**順序**と呼ぶことにする．

(1) $a R a$ （反 射 律）

(2) $a R b$, $b R a \Rightarrow a = b$ **（反対称律）**

(3) $a R b$, $b R c \Rightarrow a R c$ （推 移 律）

ある命題と，その対偶とは同値だから，反対称律は対偶をとって
$$a \neq b \text{ ならば } \overline{aRb, bRa}$$
とかいてもよい．横線は否定を表わす．$a \neq b$ のときは，aRb と bRa とは，同時には起きないという意味である．

問3 次の関係のうち順序はどれか．
1) 整数 a は整数 b の約数である．
2) 複素数 α は β の共役複素数である．
3) p, q が命題であるとき $p \Rightarrow q$

集合Xの元に順序Rが与えられているとき，Xを**順序集合**という．順序集合では，任意に選んだ2元に，必ず順序関係があるとは限らない．たとえば
$$X = \{1, 2, 3, 4, 6, 12\}$$
で順序として "x は y の約数" をとってみると，(2,4), (2,6), (4,2) などには順序があるが，(2,3), (3,4), (4,6) などには順序がない．

しかし，順序として $\leqq$ をとると，どの2元にも順序関係がある．

そこで，この2つを区別するために，順序集合のうち，とくに，任意の2元に順序関係があるものは**全順序集合**という．

問4 次の集合で，順序 "x は y の約数である" を考える．これらの集合のうち，全順序集合はどれか．
1) 16の約数の集合　$X = \{1, 2, 4, 8, 16\}$
2) 18の約数の集合　$X = \{1, 2, 3, 6, 9, 18\}$

順序関係の図解としては，紐つき図が最も有効で，応用範囲も広い．(x, y) が関係Rをみたすときは $x \rightarrow y$ と図示することにしよう．この約束を用いて，集合
$$X = \{1, 2, 3, 4, 6, 12\}$$
の約数関係を図解したのが，右の図である．

関係のあるところに，すべて線を引くと，線がからみ合って見にくい．そこで，この単純化がハッセによってくふうされた．

順序は推移律をみたすから，推移律によって，関係のあることの分かるものは省く

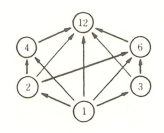

ことにする．たとえば

$1 \to 2, 2 \to 6$ から $1 \to 6$ は自然にわかるので，$1 \to 6$ の線を略す．また，$1 \to 2, 2 \to 4, 4 \to 12$ から $1 \to 12$ が出るので，$1 \to 12$ の線も略す．このような省略法によると，前の図は太線だけが残る．

さらに簡単にするため，$x \to y$ のとき，x より上方に y をかくことに約束して，矢印をとり，線のみを残すことにする．

このようにして作られた右の図を**ハッセ** (Hasse) **の図**という．

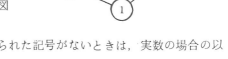

問5 問4の順序集合で，ハッセの図をかけ．

一般の順序において，とくにきめられた記号がないときは，実数の場合の以上（以下）の記号 $\leqq$ を用いることが広く行われている．

そして $\leqq$ から $=$ の場合を除いたものを $<$ で表わす．正確にかくと
$$a \leqq b, a \neq b \iff a < b$$

ここで新しく考えた関係 $<$ は，いままで考えて来た順序よりも，ややきついもので，**強い順序**と呼ぶことがある．

$a \leqq b$ は「b は a 以上」，$a < b$ は「a より b は大きい」などと，慣用の読み方に従う．

強い順序 $<$ は，推移律はみたすが，反射律はみたさない．また，反対称律は
 (2′) 　$a < b$, $b < a$ ならば $a = b$ 　もみたさない．しかしこれに代るものとして
 (2″) 　任意の2元を a, b とすると
$$a = b, a < b, b < a$$
のうち，どの2つも同時に成り立つことがない．
をみたしている．

強い順序も一般の順序と同じように，ハッセの図で表わされる．

● 4. 上限と上界

実数では　最大・最小　が考えられるが，複素数では考えようがなかった．実数

には大小関係があるが，複素数にはないからである．

一般に，**最大・最小** は，順序集合で考えられる概念である．とはいっても，順序集合ならば，必ず最大・最小があるとはいえない．

正の整数の集合には，最小値1があるが，最大値はない．

では，有限集合には 最大・最小 が必ずあるだろうか．実数から類推すると，ありそうだが，この予想は当たらない．

たとえば，"a は b の約数である" を

$$a \leqq b$$

で表わしてみよう．

集合 $A = \{1, 2, 3, 4, 6, 12\}$ でみると，

$$1 \leqq 2 \leqq 4 \leqq 12, \quad 3 \leqq 6 \leqq 12$$

だから，12は最大の数である．

ところが集合

$$B = \{1, 2, 3, 4, 6, 8\}$$

でみると，8は最大数ではない．なぜかというに，3と8，6と8の間に順序関係がないために，8は3や6より大きいといえないからである．同じ理由で，6も最大数の資格がない．しかし，1は最小数である．

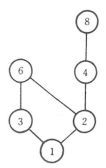

問6 次の集合で，順序として上の $\leqq$ を考えるとき，最大数・最小数があるか．あったら，それらを求めよ．

1) $A = \{1, 2, 3, 6, 9, 12, 27\}$
2) $B = \{1, 2, 3, 6, 9, 18\}$
3) $C = \{2, 3, 4, 6, 9, 12, 18\}$

一般に，順序 $\leqq$ をもっている集合 X の部分集合Aで，元 x_0 がAの**最大元**であるとは，次の2つの条件をみたすことで，$x_0 = \max A$ で表わす．

(1) $x_0 \in A$
(2) Aのどんな元 x に対しても $x \leqq x_0$．

x_0 が最小元であることも，同様に定め，$x_0 = \min A$ で表わす．

実数で区間 $1<x<3$ をとると，3 はこの区間に属さないから最大元ではないが，最大元に似ており使い方によってはその代用品になるだろう．そこで，$1\leqq x\leqq 3$ における最大値 3 と，$1<x<3$ における 3 とに共通な性質を引き出し，これらを総括した概念が作られた．どちらの 3 も，次の 2 つの性質はもっている．
(1)　区間内からどんな数 x を選んでも $x\leqq 3$，
(2)　3 より小さい任意の数 x を選ぶと，$x<a<3$ をみたす a が A の中に必ずある．

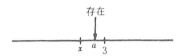

そこで，一般に，順序 $\leqq$ をもった集合 X の部分集合 A において，X の元 x_0 が，次の条件をみたすとき，x_0 を A の**上限** (supremum) といい，
$$x_0 = \sup A$$
で表わす．
(1)　A のどんな元 a に対しても $a\leqq x_0$．
(2)　x_0 より小さい A の任意の元を a とすると，$a\leqq a'\leqq x_0$ をみたす元 a' が A の中に必ず存在する．

以上全く同様に考えて，区間 $1\leqq x\leqq 3$，および $1<x<3$ における 1 を総括した概念として，集合 A の**下限** (infimum)
$$x_0 = \inf A$$
を定めることはやさしい．

問 7　x_0 が集合 A $(A\subset X)$ の下限である条件をかいてみよ．

常識的にみて，上限，下限 は順序集合の境界のようなものである．とはいっても，上限や下限のない場合が起きて常識は恥をかく．

次頁のカメの子のヘッセの図で与えられた順序集合 X で，黒丸から成る部分集合 A をみると，上限も下限もない．

トポロジーの予備知識として，さらに必要なものに，上界，下界 などがある．常識で見当のつく用語であるが，上限と最大元の区別のように，微妙なところで迷わないとも限らないから，一応，はっきりと定式化しておくのが望ましい．

順序集合 X を固定し，その部分集合 A に目をつけたとき，次の条件をみたす

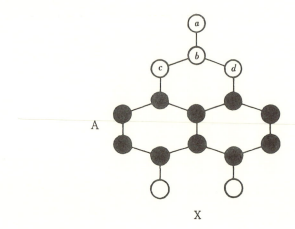

x_0 を A の **上界** という．
 (1) x_0 は X に属する．
 (2) A のどんな元 a に対しても $a \leqq x_0$．

x_0 は A の元でなくともよい点に注意されたい．実数で，区間 $[1, 3]$, $(1, 3)$ を選ぶと，3 以上の数は，すべて上界である．そして，上界の 3 は $[1, 3]$ では区間に属し，$(1, 3)$ では属さない．

上のカメの子のヘッセの図で，c は A の上界のように見えるが，c はすべての黒丸より大きいとはいえないから，失格である．上界の資格があるのは，a と b である．

下界は上界にならって定義される．

問 8 下界の定義を作ってみよ．
             ×   ×

すでに気付いたことと思うが，最大元，上限，上界はバラバラなものではなく，相互に深い関連がある．

集合 A の上界を集めると，X の部分集合になるから，それを A′ と名づけると，A′ の最小元が A の上限である．すなわち
$$\sup A = \min A'$$
A の下界の集合を A″ とすると，全く同様にして
$$\inf A = \max A''$$

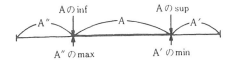

集合Aに上界が1つでも存在するときは，Aは**上に有界**であるという．**下に有界**も，これにならって定める．そして上，下に有界なときは，単に**有界**という．

自然数の集合は下に有界であるが，上には有界でない．しかし

$$\left\{\pm 1, \pm \frac{1}{2}, \pm \frac{1}{3}, \cdots, \pm \frac{1}{n}, \cdots\right\}$$

は上にも，下にも有界である．

● 5. 対 応

関係から対応を生み出し，対応の概念をはっきりつかむのが，ここの第1目標である．

関係では，$x\mathrm{R}y$ の x と y は平等であった．ここで，x を優先決定，あるいは，y を優先決定と差別をつけると，関係は対応に姿をかえる．

実例でゆこう．2つの集合

$\quad\quad$ X = {1, 2, 3, 4, 5, 6}
$\quad\quad$ Y = {1, 4, 5, 6, 7, 9, 10}

において，関係として

$\quad\quad$ R : x は y の素因数である

をとってみる．

関係をみたす (x, y) を求めるとき，$(1, 1), (1, 2), \cdots$ をいちいち当てはめてみるのが，関係における x, y 平等主義の立場である．

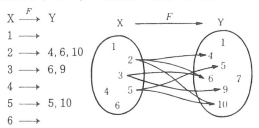

$\mathrm{X} \xrightarrow{F} \mathrm{Y}$
1 ⟶
2 ⟶ 4, 6, 10
3 ⟶ 6, 9
4 ⟶
5 ⟶ 5, 10
6 ⟶

もっと能率的なのは，x を先に定め，次に y を求めるもので，前頁の結果がえられる．

"x を先にきめ，あとから y をきめる" この順序を考慮し，図では x と y を結ぶ紐に矢印をつける．

"x を 2 ときめると，y が 4, 6, 10 ときまる" ことを，$x=2$ に $y=4, 6, 10$ が**対応**するというのである．

また，対応全体は，X の元に Y の元を対応させるから，X から Y への対応ということにする．この対応を F で表わし

$$F : X \longrightarrow Y \qquad X \xrightarrow{F} Y$$

などとかく．

X の元 2 に Y の元 4, 6, 10 が対応することは，集合を用い，X の元 2 に，Y の部分集合 {4, 6, 10} が対応するとみることもできる．この方が，X の元 1, 4, 6 にも 空集合 { } が対応することになって，例外が除かれる．

$$X \xrightarrow{F} Y$$
$$1 \longrightarrow \{\ \}$$
$$2 \longrightarrow \{4, 6, 10\}$$
$$3 \longrightarrow \{6, 9\}$$
$$4 \longrightarrow \{\ \}$$
$$5 \longrightarrow \{5, 10\}$$
$$6 \longrightarrow \{\ \}$$

対応 F によって，X の元 2 に Y の部分集合 {4, 6, 10} が対応することを，簡単に示すには

$$F(2) = \{4, 6, 10\}$$

を用いる．

光 F によって，X 上の元を Y 上へうつしたとき 2 の影は {4, 6, 10} になると，

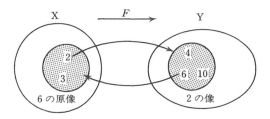

物理的に見ると実感がわく．このイメージを尊重して，部分集合 {4, 6, 10} を 2 の**像**と呼ぶ．

次に，対応 F によって，その像が 6 になる X の元を拾い出してみると 2 と 3 である．このとき，X の部分集合 {2, 3} を 6 の**原像**と呼ぶ．

問9 上の例で，次の問に答えよ．
1) X の元 3 の像は何か．4 の像は何か．
2) Y の元 10 の原像は何か．また 9 の原像は何か．

関係をみたす (x, y) を求めるのに，y を先にきめ，x がどうきまるかをみてもよい．これも 1 つの対応で，くわしくは Y から X への対応である．この対応を G で表わそう

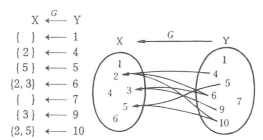

対応 G でみると Y の元 6 に対応する X の部分集合は {2, 3} であるから
$$G(6) = \{2, 3\}$$
と表わしてよい．

対応 F と G は，ともに関係 R から生れたもので，G を F の**逆対応**という．もちろん F は G の逆対応でもあり，F と G は互いに逆対応であるといってよい．

F の逆対応を F^{-1} で表わすことにすると
$$\left.\begin{array}{l} G = F^{-1} \\ F = G^{-1} \end{array}\right\} \longrightarrow (F^{-1})^{-1} = F$$

対応 F でみると，6 の原像は {2, 3} であるが，対応 G でみると，6 の像が {2, 3} である．この事実は式で示すと
$$F^{-1}(6) = G(6) = \{2, 3\} \quad \text{である．}$$

× ×

第2章 関係と写像

対応で重要なのは，一意対応であるから，次に，それをあきらかにする．
次の3つの対応 F_1, F_2, F_3 をくらべてみよ．
F_1 では，Xの元の中に，対応するYの元のないものがある．
F_2 では，Xのどの元にも，対応するYの元があるが，それは1つとは限らない．2つ以上の場合がある．
ところが F_3 では，Xのどの元にも，Yの元が対応し，しかも，対応する元は1つずつである．

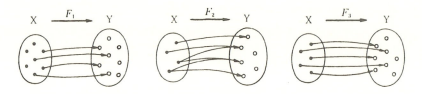

F_3 のように，Xのどの元にも，Yの元が必ず1つずつ定まる対応を**一意対応**という．（広い意味では F_1 を1意対応という）

対応図でみると，Xのどの元からも1本ずつ紐が出ることである．
論理的表現でないと気が済まない人には，次の定義を用意しておこう．
$F : X \to Y$ において
(1)　$\forall x \exists y \ (x \to y)$
(2)　$\forall x_1, y_1, x_2, y_2 \ (x_1 \to y_1, x_2 \to y_2, x_1 = x_2 \Rightarrow y_1 = y_2)$

このうち (2) は，"すべての x に対して $F(x)$ は，元が1つの集合である"といいかえても同じである．

×　　　　　　　　　×

対応には，もう1つ重要なもの，すなわち1対1対応がある．
次の3つの対応 F_1, F_2, F_3 をくらべてみよ．いずれも一意対応ではあるが，くわしくみると異なる点がある．

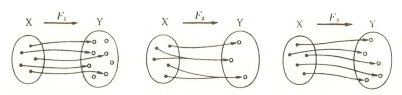

F_1 では，Y の元の中に，原像のないものがある．F_2 では，Y のどの元にも，原像があるが，それは 1 つとは限らない．2 つ以上のものがある．ところが F_3 では，Y のどの元にも原像があって，しかも，原像は 1 つずつである．

　F_3 のように，一意対応であって，しかも，Y のどの元にも，原像が必ず 1 つずつあるものを，**1 対 1 対応**という．

　対応図でみると，
　(1)　X のどの元からも，1 本ずつ紐が出る．
　(2)　Y のどの元にも，1 本ずつ紐がはいる．
ということである．

　ある対応を F とすると，F は関係でもあるから，この逆対応が考えられる．それを F^{-1} とすると，F が 1 対 1 対応であることは，次の 2 つにまとめられる．

$$F \text{ は 1 対 1 対応} \iff \begin{cases} F \text{ は一意対応} \\ F^{-1} \text{ は一意対応} \end{cases}$$

　この結論からわかるように，F が 1 対 1 対応なら，F^{-1} も 1 対 1 対応である．

　したがって，1 対 1 対応は，2 つの集合 X, Y からみると，対応というよりは，関係とみるにふさわしいものである．矢線 → の代わりに，向きを無視した ～ を用いるのはそのためである．すなわち，

$$X \sim Y$$

で表わして，X と Y の元は 1 対 1 に対応するともいう．

　たとえば $\{a, b, c\}$ の部分集合族において，1 つの集合に，その補集合を対応させれば，この対応は 1 対 1 である．

● 6. 写像とその合成

　写像（関数）は一意対応の別名である．集合 X 上のものを集合 Y 上へうつす物理現象にあやかった用語とみられよう．X を**定義域**，Y を**終域**という．

　この写像を f としたとき

$$f: X \longrightarrow Y \qquad X \xrightarrow{f} Y$$

などと表わしてよいことは，対応の表わし方の約束からみて当然である．

　X, Y の元の対応の組はたくさんある．そのたくさんの対応を総括したのが f であるとみられる．また，対応があるからには，対応をひき起こす能力がある

はずと擬人的にみて，その能力を f と呼ぶのだと考えてもよい．能力を物理的にみて，機能と考えてもよい．写像の**暗箱**（ブラックボックス black box）は，機能の視覚化に近いものである．

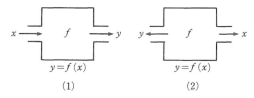

Xの元 x に対応するYの元が y であることを

$$f: x \longrightarrow y \quad または \quad y=f(x)$$

で表わし，y を x の像ということも，対応のときと変わらない．

x に能力 f が作用して y が生み出されるのだと考えてほしい．高校の従来の指導によると，$f(x)$ を写像とみる誤解を生じやすい．$f(x)$ は x の像で，写像はあくまでも f であると，見方を改めて頂きたい．昆虫のように絶えず脱皮しつつ成長することである．

f のみでは，Xの元を受け入れる窓口がない．そこで，かっこをつけ $f(\ )$ とかくのだとみてもよい．筆者はこれをカンガール方式と呼んでいる．

数学では，能力 f が式で表わされることがある．式をかくには変数が必要である．たとえば，Xの任意の元 x に，Yの元 x^2+2x-3 を対応させるというように．

$$f: x \longrightarrow x^2+2x-3$$

ここで x は，Xの任意の元を表わすに過ぎないから，x の代りに t を用いて

$$f: t \longrightarrow t^2+2t-3$$

としても，写像そのものは変わらない．

そうはいっても，x や t にとらわれて困るという人がおるかもしれない．そういう人は文字もやめて

$$f: (\ ) \longrightarrow (\ )^2+2(\ )-3$$

あるいは

$$f(\ ) = (\ )^2+2(\ )-3$$

とかいてはどうか．この方が，中学生には向くようだ．完全にカンガール方式である．

なお，念のため注意しておくが，ブラックボックスに2つの方式があるのは，記号 $f(x)$ は x の左側に f が作用する方式になっているためである．

① は慣用で，① よりも ② の方が，式と図の中の文字の対応がぴったりする．② の改良型は，筆者の記憶によると，遠山啓氏の発案である．

×　　　　　　×

像を表わす記号 $f(x)$ は，元から集合へと拡張しておくと，便利なことが多い．

すなわち，写像 $f: X \to Y$ において，X の部分集合を A とするとき，A のすべての元の像の集合を $f(A)$ で表わし，**A の像**という．

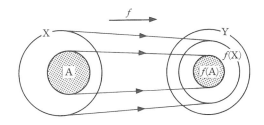

式でかくと
$$f(A) = \{f(x) \mid x \in A\}$$

$f(A)$ のうちで，最大のものが $f(X)$ で，これを**値域**という．値域は Y の部分集合である．

問 10 自然数の集合 N から N への対応を f とする．次の f のうち写像になるのはどれか．

1) x に x の約数を対応させる．
2) x に x の約数の個数を対応させる．
3) x に x の最小の素因数を対応させる．

×　　　　　　×

2つの写像 f, g が，ある条件をみたせば，それを継続して行うことができる．その条件というのは，f の終域と g の定義域とが一致することである．すなわち

$$f: X \longrightarrow Y$$
$$g: Y \longrightarrow Z$$

となっておれば，f によって X の元 x に Y の元 y を対応させ，g によって y に Z の元 z が対応するので，X の元 x に Z の元 z を対応させる写像 h が新しく考えられる

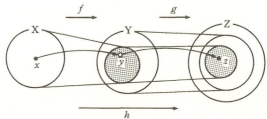

この写像 h を，f, g の **合成写像** といい，$g \circ f$ または gf で表わす．

なぜ，fg と表わさないで，gf と表わすか．f, g の順序を逆にする理由は知っておるのが望ましい．

f によって x に y が対応するから
$$y = f(x)$$
また，g によって，y に z が対応するから
$$z = g(y)$$
以上の 2 式から y を消去すると
$$z = g(f(x))$$
この式の f, g の順序を尊重すれば，合成写像はおのずから $z = gf(x)$ となる．

合成写像 $gf : X \to Z$ は，X のすべての元 x に対して
$$h(x) = g(f(x))$$
となる写像 h のことであると定義される．とにかく
$$gf(x) = g(f(x))$$
を，しかと，頭に定着させておこう．

実例によって，記号アレルギーを解消させよう．
$\quad$ X = {山本, 川島, 石井, 小林, 橋本}
$\quad$ Y = {1, 2, 3, …, 6}　答案の番号
$\quad$ Z = {上, 中, 下}　答案の成績

対応,すなわち写像は次のようであったとする.

$$X \xrightarrow{f} Y \qquad Y \xrightarrow{g} Z$$

山本 ⟶ 3 　　　1 ⟶ 中
川島 ⟶ 2 　　　2 ⟶ 中
石井 ⟶ 6 　　　3 ⟶ 上
小林 ⟶ 1 　　　4 ⟶ 中
橋本 ⟶ 4 　　　5 ⟶ 中
　　　　　　　　6 ⟶ 上

このとき f, g の合成写像 gf は次の通り.

$$X \xrightarrow{gf} Z$$

山本 ⟶ 上
川島 ⟶ 中
石井 ⟶ 上
小林 ⟶ 中
橋本 ⟶ 中

「なんだつまらん！」

結構,筆者としてはその声を待ち望んでいた.

　　　　　　　　×　　　　　　　　×

2つの写像が式で与えられておれば,それらの合成写像は,式の代入計算で求められる.

たとえば,実数RからRへの写像

$$f(x) = x^2 \qquad g(x) = 5x + 3$$

があったとすると,

$$gf(x) = g(f(x)) = 5f(x) + 3 = 5x^2 + 3$$
$$fg(x) = f(g(x)) = \{g(x)\}^2 = (5x+3)^2$$
$$ff(x) = f(f(x)) = \{f(x)\}^2 = (x^2)^2 = x^4$$

ff は f^2 ともかく. f^3, f^4 も同様である.

問 11 $f(x) = 2x - 3,\ g(x) = \dfrac{4}{x}$ のとき,次の合成写像を求めよ.

1) $fg(x)$　　2) $gf(x)$　　3) $ff(x)$

42　第2章　関係と写像

　写像の中には，元 x に x 自身を対応させる特殊なものがある．これを**恒等写像**といい，e または 1 で表わす．

　しかし，写像は，定義域と結びついた概念であるから，XからXへの恒等写像を $e_X, 1_X$ などと表わしておかないと，困ることがある．

　$X=\{a,b,c\}$ における恒等写像と，$Y=\{0,1\}$ における恒等写像とは，次のように異なる．

$$
\begin{array}{ccc}
X \xrightarrow{e_X} X & & Y \xrightarrow{e_Y} Y \\
a \longrightarrow a & & 0 \longrightarrow 0 \\
b \longrightarrow b & & 1 \longrightarrow 1 \\
c \longrightarrow c & &
\end{array}
$$

　恒等写像と他の写像との合成はどうなるだろうか．たとえばXからYへの写像 f が次のように与えられていたとしよう．

e_X に f を合成することは考えられて，

$$fe_X = f$$

となるが，f に e_X を合成することはできない．

$$
\begin{array}{c}
X \xrightarrow{f} Y \\
a \longrightarrow 1 \\
b \longrightarrow 0 \\
c \longrightarrow 1
\end{array}
$$

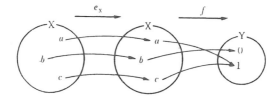

　一方 e_Y に f を合成することはできないが，f に e_Y を合成することは考えられて，

$$e_Y f = f$$

となる．

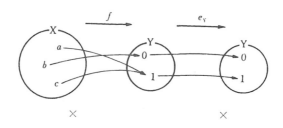

すでに実例でみたように fg と gf とは等しいとは限らない．したがって，写像の集合を考えたとき，合成に関する交換律
$$fg = gf$$
が成り立つとは限らない．

しかし，結合律
$$h(gf) = (hg)f$$
が成り立つことは，たやすく証明できる．

×　　　　　　　　　×

次に，写像でたいせつな単射と全射の概念をあきらかにしておこう．

写像 $f: X \to Y$ が**単射**であるというのは，Xの異なる2つの元が同じ像をもたないこと，すなわち
$$x_1 \neq x_2 \quad \text{ならば} \quad f(x_1) \neq f(x_2)$$
となることで，対偶をとって
$$f(x_1) = f(x_2) \quad \text{ならば} \quad x_1 = x_1$$
と示してもよい．対応図でみれば，Xの2つの元から出た線が，途中で合流しないこと，Yの方からみれば，2本以上の線が到達する元がないことである．

全射というのは，Yのどんな元にも，それを像にもつXの元が存在することだから，値域 $f(X)$ がYと一致することといってもよい．対応図でみれば，Yのどの元にも，到達する線があることである．

2つの定義から分るように，単射と全射は対立概念ではない．考え方は質的に異なる．写像は単射と全射に分けられるのではない．分けるとすれば，次のように4種になる．

写像 ─┬─ 単射である ─┬─ 全射である
　　　│　　　　　　　└─ 全射でない
　　　└─ 単射でない ─┬─ 全射である
　　　　　　　　　　　└─ 全射でない

単射でないのは全射だと思う人がおるから念を押した．誤解のもとは用語のまずさにもあろう．

写像 $f: X \to Y$ があれば，その逆対応 f^{-1} が考えられる．Yの元 y に対して，

y を像にもつ X の元を対応させるのが f^{-1} である.

f^{-1} は一意対応とは限らないから,一般には写像でない.では,どんなときに f^{-1} も写像になるか.それは,対応のところで学んだ知識から判断がつくだろう.

f が単射で全射ならば,この対応は 1 対 1 になり,f^{-1} は写像になる.すなわち f が写像のとき

$\left.\begin{array}{l} f \text{ は単射} \\ f \text{ は全射} \end{array}\right\} \iff 1 \text{ 対 } 1 \text{ 対応} \iff f^{-1} \text{ は写像}$

f^{-1} が写像ならば f の**逆写像**という.このときは f と f^{-1} の合成も,f^{-1} と f の合成も考えられて,その結果は恒等写像になる.しかし,同じ恒等写像になるとは限らない.図をみるまでもなく.

$f^{-1}f=e_X \qquad ff^{-1}=e_Y$

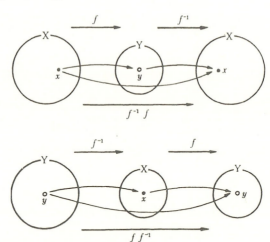

● 7. 写像と集合

集合を無視して写像は定義できない.いまさら集合でもないが,定義から間接に知られる集合との関係を総括しておくことは,今後の準備として重要である.

写像によって,集合の包含,共通集合,合併集合などはどうかわるか.これが最初の課題である.基本的なものを挙げてみよう.

一般の写像 $f: X \to Y$ で考える．Xの部分集合は A_1, A_2 などで表わし，Yの部分集合は B_1, B_2 などで表わすことに約束しておく．

(1)　　$A_1 \subset A_2$　ならば　$f(A_1) \subset f(A_2)$

像の定義から自明に近いが，実際に証明させてみると，戸惑う人が意外に多い．証明のかぎは，像 $f(A_1)$ に対する認識の深さにある．

$f(A_1)$ の任意の元を y_1 として，y_1 は $f(A_2)$ にも属することを示せばよい．そこで $y_1 \in f(A_1)$ から推論をはじめる．y_1 の原像を x_1 としたとき，もし $x_1 \in A_1$ がいえるならば，仮定 $A_1 \subset A_2$ を使うと $x_1 \in A_2$ となり，さらに $y_1 = f(x_1) \in f(A_2)$ となって目的を達する．要約すると

$$y_1 \in f(A_1) \underset{①}{\Rightarrow} x_1 \in A_1 \underset{②}{\Rightarrow} x_1 \in A_2 \underset{③}{\Rightarrow} y_1 \in f(A_2)$$

この推論は，見事といいたいところだが，論理の断層がかくされている．②，③は無事通過．問題はその前の①にある．y_1 の原像，すなわち y_1 を像にも

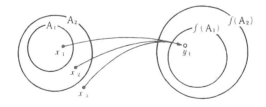

つXの元は1つとは限らない．しかもそれらは A_1 に属する保証もない．運悪く，上の図の x_2 や x_3 を選んだとしたら A_1 に属さない．とはいっても完全に行詰ったわけではない．A_1 に属する原像が少なくとも1つあることは保証されている．なぜかというに，$f(A_1)$ は A_1 の像であるから，y の原像のうち A_1 に属するものが必ずある．その1つを選んで x_1 とすれば，①の部分も無事通過で，証明は完了する．

(1′)　　$B_1 \subset B_2$　ならば　$f^{-1}(B_1) \subset f^{-1}(B_2)$

証明は (1) と大差ない．読者の楽しみとして残しておくのが賢明であろう．

(2)　　$f(A_1 \cap A_2) \subset f(A_1) \cap f(A_2)$

共通集合に関する包含関係 $A_1 \cap A_2 \subset A_1, A_2$ に，定理 (1) を用いよ．

(2′)　$f^{-1}(B_1 \cap B_2) = f^{-1}(B_1) \cap f^{-1}(B_2)$

前の定理は ⊂ であるのに，ここでは ＝ になることに注意されたい．

証明は ⊂ と ⊃ に分けて試みる．⊂ の方は(1′)を用いれば出る．⊃ の方の証明をあげておく．

$x \in f^{-1}(B_1) \cap f^{-1}(B_2)$ とすると

$$\begin{cases} x \in f^{-1}(B_1) \\ x \in f^{-1}(B_2) \end{cases} \underset{①}{\Rightarrow} \begin{cases} f(x) \in B_1 \\ f(x) \in B_2 \end{cases}$$
$$\Rightarrow f(x) \in B_1 \cap B_2 \underset{②}{\Rightarrow} x \in f^{-1}(B_1 \cap B_2)$$

急所は ① と ② である．納得のゆくまで考えて頂きたい．

(3)　$f(A_1 \cup A_2) = f(A_1) \cup f(A_2)$

(3′)　$f^{-1}(B_1 \cup B_2) = f^{-1}(B_1) \cup f^{-1}(B_2)$

合併集合のときは，ともに等号である．証明は (2),(2′) を参考に考えて頂くことにして，先を急ぐ．

(4)　$f^{-1}(f(A)) \supset A$

Aの像を求め，その原像へもどると，Aより大きくなることを示す．Aに属するすべての元 x の像が $f(A)$ に属するのは当然．Aに属さない元たとえば x' のように，その像が $f(A)$ に属することがある．x や x' を集めたのが $f^{-1}f(A)$ だから定理が成り立つ．

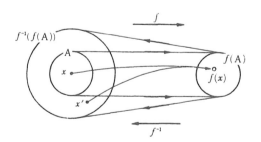

(4′)　値域 $f(X)$ に含まれる Y の部分集合を B とすると　$f(f^{-1}(B)) = B$

この証明も，読者の練習問題に残しておく．

×　　　　　×

集合の濃度について，くわしく知りたい方は，専門書を見て頂くことにして，ここでは最少限の予備知識にふれる．

濃度とは，要するに，集合の元の個数の概念を無限集合へと拡大したものである．

われわれの常識からみれば，無限は一色で，階級があるなど想像外である．数学は常識から出発し，常識を乗り越える．そこに数学の魅力と偉力がある．

常識圏の集合，すなわち有限集合から出発しよう．皿とりんごと，どちらが多いかを知りたいとき，幼児は，りんごを皿に載せてみる．ぴったり載ったら，個数は同じ，余ったら，余った方が多い．これは，数学的にみれば，1対1対応の応用である．2つの有限集合を A, B とすると

$$A \sim B \iff m(A) = m(B) \qquad ①$$

ここで～は1対1対応，$m(A)$ はAの元の個数を表わす．

これは，あくまでも有限集合に関する論理．残念なことに，われわれは，無限集合の元の個数(?)をくらべる手続を持たない．このとき大胆な仮定を採用したのはカントールであった．彼は①を無限集合にもあてはめようと決心したのである．無限のものの個数は，常識の個数の概念を越えるから，「個数」という用語をそのまま用いるのは適切でない．そこで，**濃度**という新語を作り

$$A \sim B \iff A の濃度 = B の濃度$$

と定めた．このままでは多少説明不足．左辺は，「A, B に1対1対応が存在する」と修正するのがただしい．

$$\text{A, B に 1対1の対応が存在} \iff A の濃度 = B の濃度$$

この定義から，濃度の相等が同値律をみたし，したがって同値関係であることはたやすく知られる．

(1) Aの濃度 = Aの濃度
(2) Aの濃度 = Bの濃度
　　ならば　Bの濃度 = Aの濃度
(3) Aの濃度 = Bの濃度, Bの濃度 = Cの濃度
　　ならば　Aの濃度 = Cの濃度

カントールの濃度の相等の定義を用いると，われわれは意外な事実に直面し，

戸惑うが定義を認める以上は，承認せざるをえない．

　たとえば，自然数の集合Nと，その部分集合である偶数の集合 N_1 とにおいて，Nの任意の元 n に N_1 の元 $2n$ を対応させてみる．この対応は1対1だから
　　　　　Nの濃度＝N_1 の濃度
となって，全体の濃度とその一部分の濃度が等しいという意外な結論に達する．

　しかし，よく考えてみると，これこそ，有限と無限の質的差を赤裸々に示すものであるから，われわれは積極的に受け入れるべきである．

　無限集合Xがあったとすると，その中から元を1つずつ取り出して次々と並べ，1, 2, 3, … と番号をつける操作を限りなく続けることが可能である．この操作によって，Xの元が尽きるという保証はないが，とにかく，この操作は可能である．したがって，どのような無限集合であっても，自然数の集合Nと濃度の等しい部分集合を含むことを承認せざるをえない．さらに，Nの濃度は，無限集合の濃度のうちで，最小（？）のものであろうという予想も立つ．

　しかし，最小というためには，濃度について大小を定義しなければならない．そこで，再び，有限の場合に戻って，出直す．

　集合 A, B の個数をそれぞれ m, n とすると，$m<n$ のときは，AをBの部分集合と1対1に対応させることはできるが，AとBを1対1に対応させることはできない．この事実を無限集合でも認めることにして，濃度の大小を次のように定める．

　2つの集合を A, B とし，Bの部分集合を B_1 としたとき
$$\left.\begin{array}{l}\text{Aの濃度}=B_1\text{の濃度}\\ \text{Aの濃度}\neq B\text{の濃度}\end{array}\right\} \iff \text{Aの濃度}<B\text{の濃度と定める．}$$

　云いかえれば，A と B_1 には，1対1対応が存在するが，AとBには1対1対応が存在しないとき，Bの濃度はAの濃度より大きいと定める．

　この定義をとれば，すでに見たように，自然数の集合Nの濃度は，無限集合の濃度のうち最小といってよい．

　Nと濃度の等しい集合を**可算集合**といい，この濃度を**可算個**といい，ふつう $\aleph_0$ （**アレフゼロ**）で表わす．

　正の有理数，すべての有理数の濃度が $\aleph_0$ であることは，チョットしたくふうで証明される．

　また，区間[0,1]内の実数の集合と実数全体の集合とは濃度が等しいが，その

濃度は $\aleph_0$ よりも大きいことが知られている．この濃度を $\aleph$ で表わす．

$\aleph_0 < \aleph$ であるが $\aleph_0$ と $\aleph$ の間にはいる濃度があるのか，また $\aleph$ より大きい濃度はどうかといったことが問題になるが，ここでは $\aleph_0$ より大きい濃度のあることがわかっておれば十分である．

×　　　　　　　×

予備知識の仕上げとして，集合族を写像によって表わすことに触れておこう．

集合族 $\mathbf{X}$ の中から，n 個の集合

$$X_1, X_2, \cdots, X_n$$

を選び出すことは，集合 $A = \{1, 2, \cdots, n\}$ を考えると，A から $\mathbf{X}$ への写像とみることができる．A が自然数全体の集合ならば，集合族は，無限数列

$$X_1, X_2, \cdots, X_n, \cdots \qquad ①$$

で与えられる．

これらの集合の共通集合を

$$\bigcap_{n=1}^{\infty} X_i \qquad ②$$

と表わすことについては，すでに説明した．

しかし，この表わし方には限界がある．集合族の濃度が可算個まではよいが，これより大きくなると行詰る．

たとえば，実数の区間 $[-1, 1]$ で部分集合 $[-1, \alpha]$ を考え，α を 0 から 1 までのすべて実数値をとらせると，濃度が $\aleph$ の集合族ができる．この集合族の区間は，① のように，番号をつけて並べることができないから，それらの共通部分を ② の式で表わすことはできない．

この壁を破るには，写像を考えればよい．

たとえば，α に区間 $[-1, \alpha]$ を対応させる．

$$A \xrightarrow{f} \mathbf{X}$$
$$\alpha \longrightarrow [-1, \alpha]$$

ただし，A は区間 $[0, 1]$ の実数で，$\mathbf{X}$ は区間 $[-1, \alpha]$ の集合族を表わす．

α を1つ選べば，それに対応して1つの区間 $[-1, \alpha]$ が選び出される．α を変化させれば集合族 $\mathbf{X}$ がえられる．

このとき，A を $\mathbf{X}$ の**添数集合**といい，$\mathbf{X}$ を A を**添数集合とする集合族**という．

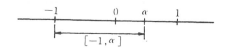

この集合族の共通集合を表わすには，α に対応する集合を X_α とおいて

$$\bigcap_{\alpha \in A} X_\alpha \quad \text{または} \quad \bigcap \{X_\alpha | \alpha \in A\}$$

で表わす．

合併集合の場合は，$\cap$ を $\cup$ にかえるだけでよい．

上の区間の例においては

$$\bigcap_{\alpha \in A} X_\alpha = [-1, 0] \qquad \bigcup_{\alpha \in A} X_\alpha = [-1, 1]$$

となる．

以上で予備知識が終り，次回は本論の入門として実数の位相を取り上げる．

第3章 実数の連続性をさぐる

　幾何学発生の母体は，われわれの住む三次元空間であり，代数学発生の母体は，長さ，面積，体積，重さ，時間など，もろもろの量である．空間と量は数学にとって「母なる大地」と呼ぶにふさわしいものである．

　トポロジー発生の母体も例外ではなかった．一筆書きの原理，多面体のオイラーの定理などは，トポロジーの発生と発展をうながした幾何学的側面である．一方量から抽象した実数の連続性は，トポロジーの発生に代数的側面から強い刺激を与え，やがて，現代の位相解析の実を結んだ．

　この史的事実からみて，実数の連続性に立ちもどることは，トポロジーの学び方としては，価値のある道のように思われる．実際，この道は捨てがたいものとみえ，多くの本に採用されてきた．

　実数はいろいろの性質をはじめから備えており，強い構造をもつから，トポロジーにおける種々の基本概念を純粋の形で抽出するには不利な点があるのだが，その史的発展の姿を学びとる興味は，それを補って余りあるように思われる．

　この「いつか来た道」を尊重しつつ，話をすすめることにしよう．

1. 数の拡張

　実数のもっているいろいろの性質は，代数的なものと位相的なものとに分けられる．ここでは，主として後者に焦点があるのだが，焦点を浮きぼりにさせるためにも，それをとりまく周辺へ視野を拡めてみるのが望ましい．
　人類は，気の遠くなるような長い年月をかけて，量の測定から数を学びとった．その順序は，およそ

　　　自然数 ⟶ 分数 ⟶ 負の数 ⟶ 無理数

となるだろう．無理数といっても，その内容は豊富で，複雑だから，負の数と無理数の前後関係は，図式化のように単純ではない．
　数の拡張はもっと数学的に，演算拡張の観点から見ることもできる．
　自然数では加法と乗法が自由にできる．すなわち，加法と乗法について閉じている．しかし，減法と除法については閉じていない．
　自然数に分数を追加し，正の有理数へ拡張すると，除法がつねにできるようになる．
　また，自然数に負の数を追加し，整数へ拡張すると，減法がつねにできるようになる．
　この2つの拡張を組合せて作った有理数では，除法も減法もつねにできて，四則演算について閉じている．

　有理数が四則演算について閉じていることは，四則演算の拡張が完結したことで，これに頼る限り，もはや，数は拡張できないことを意味する．
　では，有理数に無理数を追加し，実数へ拡張する道はなにか．方程式 $x^2=2$ が解けるようにしようとすると，無理数 $\pm\sqrt{2}$ が追加される．また方程式 $x^3=2$ が解けるようにしようとすると，無理数 $\sqrt[3]{2}$ が追加される．このような例から，一般に有理係数の整方程式

$$a_0 x^n + a_1 x^{n-1} + \cdots + a_n = 0$$

が解けるようにしようとすると，すべての無理数が追加されるような気がするが，実際はそうでない．

$x^3=2$ が完全に解けるためには，虚数が必要であって，実数以外のものが入り込む．かりに虚数はとり除くことにしても，円周率 π，自然対数の底 e，その他 $\log 2, \sin 1$ など，大部分の無理数は，声をひそめ，姿をみせない．

というわけで，有理数を実数へ拡張する道は，意外にけわしい．演算がだめなら，ほかに何があるかの疑問を解明するため，有理数の性質にあたってみよう．

(i) 四則演算とその法則

四則演算について閉じている．ただし除法には例外があって，÷0 は除く．さらにこの四則演算については基本法則が成り立つ．

ここで基本法則というのは，交換法則,結合法則,分配法則などで,周知のことと思うので略す．

(ii) 大小関係とその法則

これも目新しいものではないが，念のためまとめておこう．

相異なる 2 数を a, b とすると

$$a<b \quad \text{か} \quad b<a$$

かのいずれか一方が成り立つ．

推移律　　$a<b, b<c$　ならば　$a<c$
単調性　　$a<b$　ならば　$a+c<b+c$
　　　　　$a<b, c>0$　ならば　$ac<bc$

この大小関係が，数拡張の手がかりにならないことは，自然数にも，整数にも，有理数にも，大小関係が備っていることから想像できよう．

さて，あとに何が残されているか．

(iii) 稠　密　性

整数はポツポツと並んでいるが，有理数はギッシリと詰っている．このギッシリと詰っていることを数学では**稠密**であるという．

この稠密性は，いいかえれば，どんなせまいところにも，無数の数があることである．これは，さらに，任意の 2 数の間には少なくとも 1 つの数が存在するといいかえてもよい．

2つの有理数を $a, b\ (a<b)$ とすると $\frac{a+b}{2}$ も有理数で，しかも
$$a<\frac{a+b}{2}<b$$
だから，当然そうなっている．

もっと，一般に，m, n を正の有理数とすると $\frac{ma+nb}{m+n}$ も有理数で，しかも a と b の間にある．

有理数がすでに稠密性をみたすとすると，これを頼りに数を拡張する道もとざされている．

有理数の間に $\sqrt{2}$，$\pi = 3.14159\cdots$ のような無理数があるのだから，実数は有理数よりもギッシリ詰っている．「もっとギッシリ詰っている」の正体はなにか．ここに，有理数を実数へ拡張するナゾがかくされていることは誰の目にもあきらかであるが，完全に解きほぐすことは容易でない．18世紀から19世紀にかけて，この謎の解明に，多くの数学者がいどんだ理由がそこにあろう．

● 2. 実数の正体のつかみ方

有理数にはなくて実数にはあるものは何か．この正体は解明されなくても，常識として，感性的には想像できるものである．

直線上を1つの点が運動する場合を考えてみると，直線上のすべての点を通過する．点がユウレイのように，消えたり，現われたりするのでないとすると，隙間なく，ヌラリーと通るだろう．これを人々は連続しているというわけで，実数の正体は連続性と呼ぶにふさわしいものである．

連続性…その正体は1つであっても，姿は見えないから，そのとらえ方も一様ではなかった．

$\sqrt{2}$ は小数によって $1.4142\cdots$ と限りなく近づくことができる．

また，漸化式

$$x_{n+1} = \frac{1}{2}\left(x_n + \frac{3}{x_n}\right) \qquad ①$$

に，初期値 $x_1 = 2$ を与えて，$x_2, x_3, \cdots$ を順に計算すると，

$$2,\ \frac{7}{4},\ \frac{97}{56},\ \frac{18817}{10864},\ \cdots\cdots$$

となって有理数の数列がえられる．これが $\sqrt{3}$ に収束することは，① において $x_n \to \alpha$, $x_{n+1} \to \alpha$ とおくと

$$\alpha = \frac{1}{2}\left(\alpha + \frac{3}{\alpha}\right), \quad \alpha = \sqrt{3}$$

となることからあきらかである．

有理数による無理数への肉迫は，級数の和からも試みられる．ライプニッツは17世紀の末(1682)すでに

$$1 - \frac{1}{3} + \frac{1}{5} - \frac{1}{7} + \frac{1}{9} - \frac{1}{11} + \cdots = \frac{\pi}{4}$$

を導いた．これは数列でみると

$$1, \ \frac{2}{3}, \ \frac{13}{15}, \ \frac{76}{105}, \ \frac{789}{945}, \ \cdots\cdots$$

が $\frac{\pi}{4}$ に収束することである．

これらの例は，無理数を有理数の数列の極限としてとらえる着想へと，われわれを導くであろう．

この方式の重要な扉を開いたのはコーシー (Cauchy 1789-1857) で，それを完成させたのはカントル (G. Cantor 1845-1918) であった．

コーシー

有理数列

$$a_1, \ a_2, \ a_3, \ \cdots, \ a_n, \ \cdots \qquad ①$$

の極限として1つの無理数 α を定義するためには，この数列が収束しなければならないから，収束条件が問題になる．

ところで，高校の数学に出てくる収束条件をみると，「n が限りなく大きくなるとき，a_n は限りなく α に近づく」あるいは，「n を限りなく大きくするとき $|a_n - \alpha|$ は限りなく0に近づく」．これは $\varepsilon\text{-}\delta$ 方式によると，

任意の正の数 ε に対して，適当な番号 N をとって，N より大きいすべての n が

$$|a_n - \alpha| < \varepsilon$$

をみたすようにできる．

この収束条件には極限値 α が含まれている．有理数列 ① の極限として無理

数 α を定義する場合には，α はまだ分っていないのだから，未知の α を用いて収束条件を示すことはできない．

そこで，極限値を用いずに収束条件を示すことが必要になる．これに答えるのがコーシーの収束判定条件である．

任意の正の数 ε に対して，適当な番号 N をとることによって，N より大きいすべての m, n が

$$|a_m - a_n| < \varepsilon$$

をみたすようにすることができる．

この収束条件をみたす有理数列を**基本列**と呼ぶことにし，この基本列の極限として新しい数——実数——を定義したのがカントルである．

×　　　　　×

実数をとらえるもう1つの重要な方法は，有理数を2分割したときの最大値または最小値の存在に目をつけるもので，デデキント (Dedekind 1831-1916) の非凡な着想のたまものである．

有理数の2分割は，視覚的には，直線の切断になるので，**デデキントの切断**と呼ばれている．

有理数を大小順を保って2つに分けると，どんな場合が起きるだろうか．それを具体例によって調べることから話をはじめよう．

たとえば，$\dfrac{3}{2}$ を境として

　A：$\dfrac{3}{2}$ 以下の数の集合

　B：$\dfrac{3}{2}$ より大きい数の集合

の2つに分けると，Aには最大値 $\dfrac{3}{2}$ があるが，Bには最小値がない．

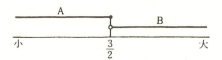

Bに最小値がないことは，もし最小値 b があったとすると，$\dfrac{1}{2}\left(\dfrac{3}{2}+b\right)$ は，b よりも小さく，しかもBに属することになって矛盾が起きることからあきら

かである.

次に，$\frac{3}{2}$ を境として

　A：$\frac{3}{2}$ より小さい数の集合

　B：$\frac{3}{2}$ 以上の数の集合

の2つに分けたとすると，Aには最大値がないが，Bには最小値 $\frac{3}{2}$ がある．

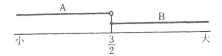

こんどは，$\sqrt{2}$ を念頭において，有理数を，次の2つに分けてみる．

　A：$x^2<2$ をみたす数の集合

　B：$x^2>2$ をみたす数の集合

有理数の中には，平方すると2になるものがないことは分っているから，以上のような分け方が可能である．

さて，この分け方で，Aの最大値，Bの最小値はどうなるだろうか．常識としては，どちらも存在しないことが予想される．しかし，この庶民的感覚で満足するわけにはいかない．

というわけは，実数の構成は感性による認識の限界と破綻を，理性による認識の可能性によって乗り越えようとする極めて微妙な課題だからである．

Aに最大値がないことを示すには，最大値 a_1 があったとすると a_1 よりも大きい数 a_2 がAの中に存在し矛盾に達することを示せばよい．このことは，簡単なようで，ちょっとしたくふうが必要である．

ここでは，1次の分数の漸化式

$$x_2 = \frac{2x_1+2}{x_1+2} \qquad ①$$

を用いてみよう．この作り方は，平方根の近似計算の理論にゆずる．

Aに最大値があったとし，それを a_1 とし，これを ① の x_1 に代入してえられる x_2 の値を a_2 とすると

$$a_2 - a_1 = \frac{2a_1+2}{a_1+2} - a_1 = \frac{2-a_1^2}{a_1+2} > 0$$

$$\therefore \quad a_2 > a_1$$

一方

$$2 - a_2{}^2 = 2 - \left(\frac{2a_1+2}{a_1+2}\right)^2 = \frac{2(2-a_1{}^2)}{(a_1+2)^2} > 0$$

$$\therefore \quad 2 > a_2{}^2$$

あきらかに，a_2 はAに属し，しかも a_1 より大きい．これは a_1 がAの最大値であることに矛盾するから，Aには最大値がない．

同様にして，Bには最小値のないことも証明できる．

以上のことは，計算によるまでもなく，次の図から明白であろう．

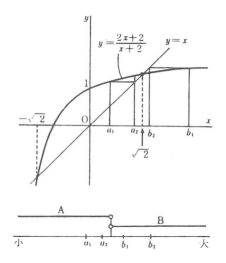

有理数を2つの集合 A, B に分け，Bの元を，Aの元よりも大きくなるようにしたとき，Aの最大値，Bの最小値の起き方は以上の3通りに尽きる．すなわち

(i)　Aに最大値があって，Bに最小値がない．
(ii)　Aに最大値がなく，Bに最小値がある．
(iii)　Aに最大値がなく，Bに最小値がない．

このほかに，(iv) Aに最大値があり，Bにも最小値のある場合が形式的には考えられるが，実際は起りえない．

もし，Aに最大値 a, Bに最小値 b があったとすると，$\dfrac{a+b}{2}$ は a より大き

いからAに属さないし，b より小さいからBにも属さない．これはすべての有理数を A, B の 2 つに分類したことに矛盾する．

さて，(iii)の実例において，AとBの間に平方すると2になる数，すなわち $\sqrt{2}$ を補い，$\sqrt{2}$ をAにいれるならば，Aの最大値は $\sqrt{2}$ で，Bには最小値がないから(i)の場合にかわり，$\sqrt{2}$ をBにいれるならば，Aには最大値がないがBの最小値は $\sqrt{2}$ になって(ii)の場合にかわる．

デデキントは，この実例を一般化し，切断が(iii)の場合は，1つの無理数を定めると考えることによって，すべての無理数の導入に成功した．

このようにして，導入した無理数を有理数に追加したものを実数と呼ぶことにすると，実数の切断，すなわち，実数を2つの集合 A, B に分け，Bの元はAの元よりも大きくなるようにすると，Aの最大値，Bの最小値の起き方は，(i)または(ii)の場合に限られ，(iii)の場合や(iv)の場合は起きない．

これが**デデキントの連続の公理**と呼ばれているものである．

以上のようにして，有理数に無理数を追加して実数へ拡大しても，実数についての四則演算および大小関係を定めなければ，数としては片輪である．

有理数の切断 A, B を用いることによって，実数の相等，四則演算，大小関係を導くことができるが，その道はかなりシンドイから，専門書にゆずり，先を急ぐことにする．

3. 推論の出発点

以上で，実数の構成を，やや物語り風にすすめてきた．このままでは，今後の推論の出発点が不明瞭であろう．これから，実数の位相に関するいくつかの基本性質を導くにあたって，推論の根拠にとるもの，つまり公理にあたるものを明確にしておこう．

(i) 実数は四則演算（ただし ÷0 は除く）について閉じていて，よく知られている計算の法則をみたす．

(ii) 実数には大小関係があり，先に有理数の大小関係のときに挙げた4つの法則をみたす．

(iii) デデキントの公理

実数の集合Rを，2つの部分集合 A, B にクラス分けして，Aの元よりもB

の元が大きくなるようにすると，Aに最大値があるか，Bに最小値があるかの一方だけが必ず起きる．

以上の3つを今後の出発点にとる．

デデキントの公理におけるクラス分け A, B は，集合の記号によって
$$R = A \cup B, \quad A \cap B = \phi, \quad A \neq \phi, \quad B \neq \phi$$
$$a \in A, \ b \in B \quad \text{ならば} \quad a < b$$
とまとめられる．

記号は書くものにとっては簡便でよいが，読む人にとって分りやすいとは限らない．とくに記号に慣れないものにとっては苦痛であろうから，記号はなるべく用いない方針でゆきたい．

(i) をみたす数の集合が体で，さらに (ii) をみたすときは順序体と呼ばれている．有理数と実数はともに順序体である．

実数が順序体であるということは，高校で習った実数についての計算を，そのまま行なってよいという確認に過ぎない．

デデキントの公理 (iii) は有理数にはなく，実数に特有のもので，実数の位相的性質を代表するとみてよい．

4. ワイエルストラスの公理

実数の性質 (i), (ii) の許で，デデキントの公理から，いろいろの定理が導かれるが，デデキントの公理と同値か，または，それに近いものが多い．したがって，これらの定理は，実数の位相を，異なる側面から眺めたものとみられる．

同値なものなら，ことさら導かなくてもよさそうに思われるが，実際はそうでない．いちいちデデキントの公理にもどるよりは，使い道に応じて定理を用いる方が簡便なことが多いからである．

さしあたって，数列の極限で必要なワイエルストラス (Weierstrass) の公理を導いておこう．この公理は**制限完備性**とも呼ばれている．

ワイエルストラス

> **ワイエルストラスの公理**
> 実数の部分集合Xが空集合でないとき
> (1)　上に有界ならば上限をもち
> (2)　下に有界ならば下限をもつ

集合Xが上に有界であるとは，Xのすべての元が，ある数 a を越えないことで，a は上界というのであった．

上界は無数にあって，その最小のものがXの上限で $\sup X$ で表わした．

下に有界，下界，下限 $\inf X$ についても，復習して頂きたい．

（証明）　Xは有界であるから上界を無数にもつ．そこで，この上界の集合をBとし，Bに属さない実数の集合，すなわちBの補集合をAとおくと，A,Bはデデキントの切断の条件をみたす．

まず，それをあきらかにしよう．

A,BがRのクラス分けになることはあきらかである．

次に A,B の任意の元をそれぞれ a,b とする．a はXの上界でないから，Xの中に $a<x$ をみたす元 x がある．一方 b はXの上界だからAの元 x に対しては $x \leq b$

$$\therefore \quad a<b$$

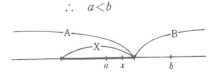

以上によって，A,B はデデキントの切断の条件をみたすから，Aに最大数があるか，Bに最小数がある．

もしAに最大数 α があったとしてみよう．α はAに属するから，α はXの上界ではない．したがって，Xの中に

$$\alpha < x$$

なる元 x がある．そこで

$$y=\frac{\alpha+x}{2}$$

とおくと　$\alpha<y<x$

$\alpha<y$ から y は A に属さない．したがって y は B に属し，y は X の上界である．

一方 $y<x$ から y は X の上界ではない．これは上の結論に矛盾するから，A に最大限がない．

したがって，B に最小数がある．その最小数は X の上限だから，X には上限がある．

(2) も同様にして証明される．

×　　　　　×

制限完備性を用いると，次のアルキメデス(Archimedes)の公理がたやすく導かれる．

アルキメデスの公理

2つの正の数を a, b とすると
$$na>b$$
となる自然数 n が存在する．

---

a を 2 倍，3 倍，… してゆけば，いつかは b より大きくなるという意味である．

まことに当たりまえのことで，証明するまでもなく自明のように思われるが，実数以外の数では，これの成り立たないこともあるので，証明をとばすわけにはいかない．

(証明) すべての自然数 n に対して
$$na \leq b \qquad ①$$
であるとすると矛盾が起きることを示そう．

もし，① であったとすると，集合
$$X = \{a, 2a, 3a, \cdots\}$$
は上に有界だから，制限完備性によって，上限が存在する．それを α とすると，任意の自然数 n に対して
$$na \leq \alpha$$
$n+1$ も自然数だから
$$(n+1)a \leq \alpha$$

この式から
$$\therefore\ na \leqq \alpha - a$$

これはすべての自然数 n について成り立つから，$\alpha - a$ は X の上界である．

ところが $\alpha - a < \alpha$ だから，上限 α が上界 $\alpha - a$ よりも大きい．これは上限が上界の最小値であることに矛盾する．

以上によって証明された．

×   ×

アルキメデスの公理の成り立たない数，そんな数があるなら見たいものだと思う人がおるかもしれない．簡単な実例を挙げてみる．

集合 G = {0, 1, 2, 3, 4, 5} において，6の倍数を無視した乗法，すなわち，6以上になったら6の倍数を除いて，6より小さい自然数に直したものを積とみる乗法を考えてみよう．

2に任意の自然数をかけてみると

$2 \times 1 = 2$,　$2 \times 2 = 4$,　$2 \times 3 = 0$,
$2 \times 4 = 2$,　$2 \times 5 = 4$,　$2 \times 6 = 0$,
$2 \times 7 = 2$,　$2 \times 8 = 4$,　$2 \times 9 = 0$,

以下同様のくり返しになるから，$2n$ はけっして，5を越すことがない．すなわち任意の自然数 n に対して

$$2 \times n < 5$$

となって，アルキメデスの公理が成り立たない．

問1　自然数全体の集合Nは，上に有界ではないことを証明せよ．

問2　正の実数 a に対して $\frac{1}{n} < a$ をみたす自然数 n が存在することを証明せよ．

● 5. 数列の収束

実数の位相性を，数列の収束からみる準備として，数列の収束に関する定義，および，基本的定理を復習しよう．

数列のことは，高校で学んだことと思うが，「限りなく近づく」といった取扱いでは，あいまいでもあるし，収束が微妙になると，行き詰るおそれもある．

ε-δ 方式に切りかえて，信頼のおける推論を行なうのが望ましい．

ここでは，実数の数列を考えれば十分である．

数列
$$a_1,\ a_2,\ \cdots,\ a_n,\ \cdots$$
は，略して $\{a_n\}$ ともかく．

これが実数 α に収束するとは，n を限りなく大きくすると，a_n は限りなく実数 α に近づくことで，$a_n \to \alpha$ または $\lim_{n\to\infty} a_n = \alpha$ で表わした．

これは ε-δ 方式に直せば「任意の正の数 ε が与えられたとき，それに対応して番号 N が定まり，N より大きいすべての n に対して
$$|a_n - \alpha| < \varepsilon$$
となる」となる．

完全に記号でかくならば
$$\forall \varepsilon \exists N \forall n [n > N \Rightarrow |a_n - \alpha| < \varepsilon]$$

ここで，N は ε に対応して定まる番号であるから，記号としては N_ε または $N(\varepsilon)$ を用いるにふさわしい数である．

ε-δ 方式に親しむことと，次の準備をかね，二，三の例題をやってみよう．

例題 1 収束する数列は有界であることを証明せよ．

(解) 数列 $\{a_n\}$ は α に収束するとして，$A \leq a_n \leq B$ をみたす定数 A, B があることを示せばよい．

正の数 ε をとると，ε に対して N が定って，$n > N$ をみたす，すべての n について
$$|a_n - \alpha| < \varepsilon$$
である．この不等式は書きかえると
$$\alpha - \varepsilon < a_n < \alpha + \varepsilon$$
$$(n = N+1,\ N+2,\ \cdots)$$
そこで
$$a_1,\ a_2,\ \cdots,\ a_N,\ \alpha - \varepsilon$$
のうち最小のものを A,
$$a_1,\ a_2,\ \cdots,\ a_N,\ \alpha + \varepsilon$$

のうち最大のものを B とすると
$$A \leqq a_n \leqq B$$
は，すべての自然数 n について成り立つ．

注 $|A|, |B|$ の最大値を C とすれば，すべての n に対して $|a_n| \leqq C$ となる．

例題 2 2つの数列 $\{a_n\}, \{b_n\}$ がそれぞれ α, β に収束し，しかも $\alpha < \beta$ ならば，適当な番号 N より先の項では，つねに
$$a_n < b_n$$
となる．

(解) この証明は，ε の選び方にかかっている．ε を $\beta - \alpha$ にくらべて十分小さく $\left(\text{たとえば } \dfrac{\beta - \alpha}{2} \text{ より小さく}\right)$ とってみると，区間 $(\alpha - \varepsilon, \alpha + \varepsilon)$ にはいる

a_n は，区間 $(\beta - \varepsilon, \beta + \varepsilon)$ にはいる b_n より小さくなる．

そこで，数列 $\{a_n\}$ で，ε に対応して定まる番号を N_a，数列 $\{b_n\}$ で，ε に対応して定まる番号を N_b としてみると

$n > N_a$ のとき $\alpha - \varepsilon < a_n < \alpha + \varepsilon$ ①

$n > N_b$ のとき $\beta - \varepsilon < b_n < \beta + \varepsilon$ ②

N_a, N_b の最大値を N とすると，N より大きい n に対して①と②はともに成り立ち，したがって
$$a_n < \alpha + \varepsilon < \beta - \varepsilon < b_n$$
$$\therefore \quad a_n < b_n$$
となる．

問 3 例題 2 の逆は正しいか．すなわち $\{a_n\}, \{b_n\}$ がそれぞれ α, β に収束し，適当な番号 N から先のすべての項に対して
$$a_n < b_n$$
のとき，$\alpha < \beta$ となるか．

正しくないならば，反例を挙げよ．

問 4 $a_n \to \alpha, b_n \to \beta$ で，しかも適当な番号 N から先では，つねに

ならば，$\alpha \leq \beta$ となることを証明せよ．

問5 すべての n に対して
$$a_n \leq c_n \leq b_n$$
で，かつ，$a_n \to \alpha, b_n \to \alpha$ ならば $c_n \to \alpha$ となることを証明せよ．

例題3 $a_n \to \alpha, b_n \to \beta$ ならば
$$a_n b_n \longrightarrow \alpha\beta$$
となることを証明せよ．

(解) 要するに，与えられた正の数 ε に対して，番号 N を選びうることを示せばよい．

正面から攻めるよりは，裏から攻める，いわゆる解析的方法をとるのがよい．

$$n > N \text{ のとき } |a_n b_n - \alpha\beta| < \varepsilon \qquad ①$$

となるような N がほしい．

この不等式は書きかえると
$$|(a_n - \alpha)b_n + (b_n - \beta)\alpha| < \varepsilon$$
となるから
$$|(a_n - \alpha)b_n| + |(b_n - \beta)\alpha| < \varepsilon$$
となっておればよい．それには
$$|(a_n - \alpha)b_n| < \frac{\varepsilon}{2}, \quad |(b_n - \beta)\alpha| < \frac{\varepsilon}{2} \qquad ②$$
となっておればよい．

ところが $\{b_n\}$ は収束するから，例題1によって有界であり，すべての n に対し
$$|b_n| < B$$
をみたす正の数 B がある．

そこで $|\alpha| = A$ とおけば，
$$|a_n - \alpha|B < \frac{\varepsilon}{2}, \quad |b_n - \beta|A < \frac{\varepsilon}{2}$$

すなわち

$$|a_n-\alpha|<\frac{\varepsilon}{2B}, \quad |b_n-\beta|<\frac{\varepsilon}{2A} \qquad \text{③}$$

となっておれば ② は成り立つ.

ところで,前もって,正の数として $\{a_n\}$ では $\dfrac{\varepsilon}{2B}$ を選んでおけば,番号 N_a が定まって

$$n>N_a \quad \text{のとき} \quad |a_n-\alpha|<\frac{\varepsilon}{2B}$$

が成り立ち,$\{b_n\}$ では正の数として $\dfrac{\varepsilon}{2A}$ を選んでおけば,番号 N_b が定まって

$$n>N_b \quad \text{のとき} \quad |b_n-\beta|<\frac{\varepsilon}{2A}$$

が成り立つ.

そこで N_a, N_b の最大値を N とすると,N より大きいすべての n に対して ③ は成り立ち,したがって ① は成り立つ.

$$\therefore \quad a_n b_n \longrightarrow \alpha\beta$$

問6 $a_n \to \alpha, b_n \to \beta$ のとき,次のことを証明せよ.

(1) $a_n+b_n \longrightarrow \alpha+\beta$

(2) $a_n-b_n \longrightarrow \alpha-\beta$

(3) k が定数のとき $ka_n \to k\alpha$

● 6. 有界な単調数列

数列 $\{a_n\}$ は

つねに $a_n<a_{n+1}$ ならば **増加数列**

つねに $a_n>a_{n+1}$ ならば **減少数列**

という.また,等号を許して

つねに $a_n\leqq a_{n+1}$ ならば **単調増加数列**

つねに $a_n\geqq a_{n+1}$ ならば **単調減少数列**

という.

これらの用語は,関数の 増加・減少 に関する用語の使い方と一致せず,混乱のおそれがあると思うが,ここでは習慣に従うことにする.

関数では,等号のあるなしに関係なく単調をつけ,等号を許す,許さないは,

広義と狭義によって区別することが多い．
　すなわち $f(x)$ において，$x_1 < x_2$ のとき
　　$f(x_1) \leqq f(x_2)$ ならば広義の単調増加
　　$f(x_1) < f(x_2)$ ならば狭義の単調増加
というように区別する．
　単調数列では，次の定理が重要である．

有界な単調数列の定理
(1)　単調増加数列は，上に有界ならば収束する．
(2)　単調減少数列は，下に有界ならば収束する．

(証明)　(1)　数列 $\{a_n\}$ は単調増加で，しかも上に有界であるとする．
　実数の制限完備性によって，上に有界ならば上限をもつから，集合
$$X = \{a_1, a_2, \cdots, a_n, \cdots\}$$
には上限がある．それを α とすると，
　　すべての n に対して　$a_n \leqq \alpha$
また，与えられた正の数 ε に対して
　　$\alpha - \varepsilon < a_N$ をみたす N が存在する．
　ところで，仮定によると，$\{a_n\}$ は単調増加であるから，N より大きい n に対して
$$\alpha - \varepsilon < a_N \leqq a_n \leqq \alpha$$
$$\therefore\ |a_n - \alpha| < \varepsilon$$
よって $\{a_n\}$ は α に収束する．

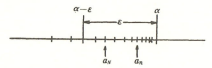

(2)　同様にして証明される．

● 7. 縮小区間列の定理

　数列の極限値として実数をとらえる特殊な場合を，区間を使っていいかえたのが，カントルの縮小区間列の定理とみられる．

実例でみると，数列
$$\frac{3}{2},\ \frac{4}{3},\ \frac{5}{4},\ \cdots,\ 1+\frac{1}{n},\ \cdots$$
は極限値として実数1を定めるが，その近づき方は，上から下への一方交通である．

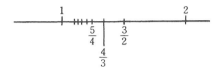

ところが，数列
$$\frac{1}{2},\ \frac{4}{3},\ \frac{3}{4},\ \frac{6}{5},\ \cdots,\ 1+\frac{(-1)^n}{n},\ \cdots$$
をとってみると，上と下から交互に1に近づくから，隣り合った2項で定まる閉区間の列
$$\left[\frac{1}{2},\ \frac{4}{3}\right],\ \left[\frac{3}{4},\ \frac{4}{3}\right],\ \left[\frac{3}{4},\ \frac{6}{5}\right],\ \cdots$$
を作ってみると，これらに共通なただ1つの数として1が定まる．

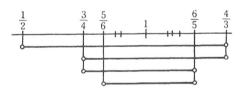

一般に2つの数列 $\{a_n\}$, $\{b_n\}$ があって
$$a_1 \leqq a_2 \leqq \cdots \leqq a_n \leqq \cdots \leqq b_n \leqq \cdots \leqq b_2 \leqq b_1$$
であったとすると，閉区間の列
$$[a_1, b_1],\ [a_2, b_2],\ \cdots,\ [a_n, b_n],\ \cdots$$
を考えれば，これらのすべての閉区間に共通な実数が少くとも1つある．

さらに $(b_n - a_n) \to 0$ ならば，共通な実数はただ1つになる．

これがカントルの縮小閉区間の定理と呼ばれているものである．

カントルの縮小閉区間列の定理
閉区間の列

$[a_1, b_1], [a_2, b_2], \cdots, [a_n, b_n], \cdots$
が，次の2つの条件をみたせば，これらの区間に共通な実数が1つだけ
存在する．
(i) すべての n に対し
$[a_n, b_n] \supset [a_{n+1}, b_{n+1}]$
(ii) $n \to \infty$ のとき $(b_n - a_n) \to 0$

(証明) 仮定(i)によって
$a_1 \leqq a_2 \leqq \cdots \leqq a_n \leqq \cdots \leqq b_n \leqq \cdots \leqq b_2 \leqq b_1$
である．数列 $\{a_n\}$ は単調増加で，しかも上に有界だから収束する．よって，その極限値を α とする．

数列 $\{b_n\}$ は単調減少で，しかも，下に有界だから収束する．よって，その極限値を β とする．

$\alpha = \beta$ を示せば目的を達する．
すべての n について $a_n \leqq b_n$ だから問4によって
$$\alpha \leqq \beta \qquad ①$$
α は $\{a_1, a_2, \cdots\}$ の上限だから
$$\text{すべての } n \text{ に対して} \quad a_n \leqq \alpha \qquad ②$$
β は $\{b_1, b_2, \cdots\}$ の下限だから
$$\text{すべての } n \text{ に対して} \quad \beta \leqq b_n \qquad ③$$
①, ②, ③ によって
$$a_n \leqq \alpha \leqq \beta \leqq b_n$$
$$\therefore \ |\alpha - \beta| \leqq b_n - a_n$$
仮定 (2) によって $(b_n - a_n) \to 0$ だから
$$|\alpha - \beta| = 0 \quad \therefore \quad \alpha = \beta$$

● 8. 被覆定理

いくつかの開区間の族 Γ があって，それらの区間の合併集合に，閉区間 $[a, b]$ が含まれるとき，Γ は $[a, b]$ を**覆う**といい，Γ を $[a, b]$ の**被覆**という．

こう，一般的に述べるとむずかしいが，内容は平凡である．実例を挙げれば，そんなことかとなろう．

たとえば，閉区間 [1,4] に対して，開区間の集合（族）
A=(0,2), B=(1,3), C=(2,4), D=(3,5)
をとれば
$$[1,4] \subset A \cup B \cup C \cup D$$
となるから，集合族 {A, B, C, D} は [1,4] の被覆である．

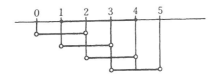

また，区間 [0, 0.9] に対して，開区間の族
$$(-1, 0), \ \left(-\frac{1}{2}, \frac{1}{2}\right), \ \cdots, \ \left(-\frac{1}{n}, 1-\frac{1}{n}\right), \ \cdots$$
をとれば
$$[0, 0.9] \subset \bigcup_{n=1}^{\infty} \left(-\frac{1}{n}, 1-\frac{1}{n}\right)$$
となるから，この開区間族は [0, 0.9] の被覆である．

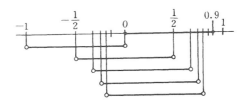

しかし，実際には，これらの開区間族のうち $n=11$ に対応する1つの区間を選べば，これによって [0, 0.9] は完全に覆われる．

また区間 [0, 1] に対して，区間 (0, 1) に属するすべての x に開区間 $U_x = (x-0.1, x+0.1)$ を対応させ，この区間族を Γ とすると，Γ によって [0, 1] は覆われる．すなわち
$$[0, 1] \subset \cup \Gamma$$
右辺は，Γ に含まれるすべての開区間 U の合併集合を表わす略記法である．正しくは，$\cup \{U | U \in \Gamma\}$，または A=(0,1) とおいて

$$\bigcup_{\lambda \in \Lambda} U_\lambda$$

と表わすべきである．これについてはすでに説明したが，記号が複雑なので読みとるのに苦労すると思い，略記法を用いた．今後も，この略記法をなるべく用いることにする．

$\varGamma$ は $[0, 1]$ の被覆であるが，実際は，この中から適当なものをいくつか（有限個）選ぶことによって，$[0, 1]$ を覆うようにすることができる．たとえば

$$x = 0.09,\ 0.27,\ 0.45,\ 0.63,\ 0.81,\ 0.99$$

に対応する 6 個を選べば十分であることは，次の図から読みとれよう．

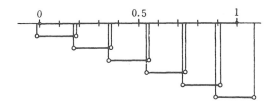

以上は開区間で覆う例である．閉区間で覆う場合はどうなるだろうか．

たとえば区間 $[0, 1]$ は，閉区間の族

$$\left[\frac{1}{2},\ 1\right],\ \left[\frac{1}{3},\ \frac{1}{2}\right],$$
$$\cdots,\ \left[\frac{1}{n+1},\ \frac{1}{n}\right],\ \cdots,\ [0, 0]$$

によって覆うことができるが，この中から有限個のものを選んで覆うようにはできない．なぜかというに，どの区間を除いても，そこを他の区間で覆うことはできないからである．

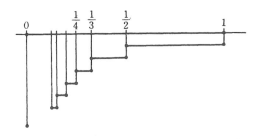

8. 被覆定理

　以上で知ったことを一般化すると，ハイネ-ボレル (Heine-Borel) の被覆定理がえられる．

> **ハイネ-ボレルの被覆定理**
> 　閉区間 $[a,b]$ が，開区間の族 Γ で覆われるならば，Γ に属する適当な有限個を選ぶことによって $[a,b]$ を覆うことができる．

（証明） Γ の有限個の区間で $[a,b]$ を覆うことができないとすると，矛盾が起きることを示せばよい．

　$[a,b]$ を2つの区間

$$\left[a, \frac{a+b}{2}\right], \quad \left[\frac{a+b}{2}, b\right]$$

に分ける．$[a,b]$ が有限個で覆えないとすると，上の2つの区間の少なくとも一つは有限個で覆えない．なぜかというに，ともに有限個で覆えるならば $[a,b]$ も有限個で覆えることになって仮定に反するからである．そこで2つの区間のうち，有限個で覆えないものの1つを $[a_1, b_1]$ で表わすことにする．

　$[a_1, b_1]$ に同様のことを試み，有限個では覆えない区間をみつけ出し，それを $[a_2, b_2]$ で表わす．

　以下同様にして，閉区間の列

$$[a_1, b_1], [a_2, b_2], \cdots, [a_n, b_n], \cdots \qquad ①$$

を作ると，この閉区間の列は，カントルの縮小閉区間列の条件をみたす．なぜかというに

　　すべての n に対し　$[a_n, b_n] \supset [a_{n+1}, b_{n+1}]$

さらに

$$b_n - a_n = \frac{1}{2}(b_{n-1} - a_{n-1})$$

$$\therefore \quad b_n - a_n = \frac{b-a}{2^n} \longrightarrow 0$$

となるからである．

　よって，縮小閉区間列の定理によって，①のすべての閉区間に属する実数 α が存在する．

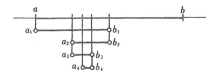

$$\alpha \in [a, b]$$

また仮定によって

$$[a, b] \subset \cup \Gamma$$

だから,

$$\alpha \in U$$

なる開区間 $U = (u, v)$ が Γ の中に存在する.

$$\alpha \in (u, v) \quad \text{だから} \quad u < \alpha < v$$

$u < \alpha$ から, u は ① のすべての開区間に共通な数ではないが, ある番号 p があって, p 以上の n に対しては $u \notin [a_n, b_n]$ となる. したがって

$$u < a_p$$

$x < v$ から, 同様の理由で, ある番号 q があって

$$b_q < v$$

そこで, p, q の最大値を N とすると

$$u < a_p \leqq a_N < b_N \leqq b_q < v$$

$$\therefore \quad [a_N, b_N] \subset (u, v) = U$$

これは $[a_N, b_N]$ が Γ の1つの区間 U で覆えることを示す. $[a_N, b_N]$ はその作り方からみて有限個の区間では覆えないのだから, 矛盾が起きた.

したがって, 背理法により定理は成り立つ.

● 練 習 問 題 ●

1. $a_n \to \alpha, b_n \to \beta, a_n \neq 0, \alpha \neq 0$ であるとき, 次のことを証明せよ.

   (1) $\dfrac{1}{a_n} \longrightarrow \dfrac{1}{\alpha}$

   (2) $\dfrac{b_n}{a_n} \longrightarrow \dfrac{\beta}{\alpha}$

2. 任意の実数 x に対して $n-1 \leqq x < n$ をみたす整数 n が存在することを証明せよ．
3. 実数の任意の開区間は必ず有理数を含むことを証明せよ．
4. 実数の任意の開区間は必ず無理数を含むことを証明せよ．

hint 1. (1) $|a_n|$ に正の下界 A のあることを示すのが要点．$|\alpha|$ より小さい正の数 δ をとる．この δ に対して N が定まり，$n>N$ のとき $|\alpha-a_n|<\delta$．
∴ $|\alpha|-|a_n|<\delta$ ∴ $|a_n|>|\alpha|-\delta$．そこで $|a_1|, |a_2|, \cdots, |a_N|, |\alpha|-\delta$ の最小値を A とすると，すべての n に対して $|a_n|>A(>0)$ となる．
$$\left|\frac{1}{a_n}-\frac{1}{\alpha}\right| = \frac{|a_n-\alpha|}{|a_n\alpha|} \leqq \frac{|a_n-\alpha|}{A|\alpha|}$$
よって，正の数 ε に対して $|a_n-\alpha|<A|\alpha|\varepsilon$ となるようにすればよい． (2) $\frac{b_n}{a_n} = b_n \times \frac{1}{a_n}$ とみて例題3を用いる．

2. $x=0, x>0, x<0$ の3つの場合に分ける．$x>0$ のとき $x<M\cdot 1$ なる自然数 M が存在する．M の最小値を m とすると $m-1 \leqq x < m$．$x<0$ のときは $-x>0$ だから $m-1 \leqq -x < m$ ∴ $(-m) < x \leqq (-m)+1$ これを等号のときと不等号のときに分けよ．

3. 開区間を (a,b) とする．分数 $\frac{m}{n}$ の分母 n を十分大きくとっておいて，さらに $\frac{m-1}{n}$ と $\frac{m}{n}$ の間に a がはいるようにすればよい．まず，n を $b-a > \frac{1}{n}$ をみたすよ

うにとる．次に na に対して $m-1 \leqq na < m$ をみたす m を選べ．

4. 開区間を (a,b) とする．この区間内の数がすべて有理数とすると矛盾することを示せばよい．(a,b) 内から2つの有理数 p, q ($p<q$) を選び，区間 $[p,q]$ 内に無理数が存在することを示せばよい．それには，任意の無理数 α に対して，$n-1 \leqq \alpha < n$ なる自然数 n を選び，一次写像によって，α の像 β が $[p,q]$ 内にはいるようにすればよい．そのような一次写像 $f(x) = Ax+B$ は
$\qquad f(n-1)=p \qquad f(n)=q$

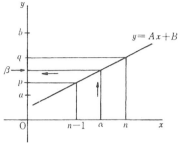

をみたすように A, B を定めることによって作られる．α が無理数ならば β も無理数になることをいえば証明は完了する．

第4章 実数の完備性への道

● 1. 視覚化問答

　いままでに，しばしば，数直線による図解を試みたが，数直線によって証明したわけではないし，例題や問題を解いたわけでもない．だから，数直線を取りさっても，証明や解はそのままで成り立つ．

　数直線による図解の目的はさまざまである．

　反例や実例をさがす助けのことがある．

　証明や解の発見を助けることもあった．

　また，証明や解の理解を助ける場合もあった．

　ときには，"枯木に花"で，式や文章の単調さに，視覚的な賑かさを添えることもあろう．

　いずれにしても，数直線による図解は，"添えもの"であって"本もの"でも"本ものの一部分"でもないことを銘記されたい．

　実数の位相性は，"限りなく近い"といったミクロ的な世界の構造にかかわりのあるものだけに，視覚の限界外のことが多い．

×　　　　　×

A．それなら，図は役に立たないはず．なんのための図解ですか．
　S．痛いことをいいますな．逆説的表現をかりれば，見えないものを見るため．
　A．見えないものを見る？　答になっていませんよ．
　S．だから，逆説的表現といったでしょうが．そこがたいせつなのだ．
　A．いつも，その手でやり込められる．きょうはその手に乗りませんよ．
　S．そう用心しなさんな．……なんといったらよいかな……そうだ．頭で見るのだよ．
　A．そんなら一層図が不要なはず．
　S．ボクの名言を形式的にとるとは情けない．
　A．おそれいりました．
　S．付け加えれば，図を媒介として，頭で見るということです．
　A．媒妁人ですか．数と思考の……
　S．ズバリいいことをいうね．図を見ては目をとじ，見えそうもない微小な世界を見ようとする．目をとじて見る．つまり視覚的イメージの力をかりるわけだ．
　A．なるほど……おぼろげながらわかってきました．
　S．記号や文章の抽象性を，図の具象性で補う．しかし"狩人わなにかかる"のたとえ，図の助けをかりようとして，図にごまかされることもあるから要心しなければ……
　A．主体性はあくまでも記号と文章……
　S．その通りだ．数学では"記号抜きは骨抜き"に通ずる．
　A．小骨1本抜くべからずか．
　S．小骨どころか，脊ずいを抜き，肉をけずって，かみつかれた首相もおるで……
　A．トポロジーの証明は，小骨1本が問題のようで，ボクには苦手だ．
　S．習うより慣れろということもある．いろいろ手がけているうちに，要領が，いやカラクリがわかってくる．あせらないことです．

　　　　　　　　　×　　　　　　　×

S．人間はコトバで考える．

A．ボクは頭で考えるが．

S．その頭が問題なのだ．頭の中でコトバをあやつりながら考えるのだよ．内言語というやつを使うのだ．

A．内言語？　初耳です．

S．音声つきが外言語で，音声なしが内言語と考えたのでよい．頭の中で，思い出しながら使うのが内言語で，人間はこの内言語によって考えるのだ．

A．考えながらボソボソひとりごとをいうご人もいるようですが．

S．それはしかたのないことです．言語は本来音声と文字，聴覚的イメージと視覚的イメージの共存体ですから……．人間は言語と同時になんらかの具象物を思い出す．視覚的イメージの再現だ．これが意外と思考を助ける．

A．なるほど……思い当ることがあります．読んでもわからない，聞こえてもわからないときは，思い出すものが具象的でない．

S．思い出すものが具象的で，それが豊富であるほど，"わかった"の実感が強い．そこで，数学では，人間のこの能力を積極的に利用する手段として，視覚的用語を用いる傾向がある．

A．視覚的用語？　具体的に……

S．幾何的でないものに，幾何の用語を用いるのがその例です．

● 2. 実数の空間化

実数の視覚化に，幾何の用語を用いることは，**空間化**と呼んでもよい．この空間化は，実数に限らず，集合一般についていえることで，代数・幾何の障壁がくずれ，数学一本への統一化の進行が背景にある．逆に，用語の統一は，内容の統合をうながすことも見逃せない．

空間は点の集合である．そこで，実数の集合を**空間**といい，**R**で表わし，1つ1つの実数を**点**と呼ぶ．実数 x という代りに点 x というのである．

空間によっては任意の2点の間に距離がある．空間Rでは，2点 x, y に対して，非負の実数 $|x-y|$ が1つきまるので，これを2点 x, y の**距離**といい $d(x, y)$ で表わす．すなわち

$$d(x, y) = |x-y|$$

この距離が，次の条件をみたすことは，絶対値の性質によって，たやすく確かめられよう．

(i) $\quad d(x,y) \geqq 0$

$d(x,y)=0$ となるのは，2点 x,y が重なる（一致する）ときに限る．すなわち
$$d(x,y)=0 \iff x=y$$

(ii) $d(x,y)$ は x と y をいれかえても変わらない．すなわち
$$d(x,y)=d(y,x)$$

(iii) $d(x,y)+d(y,z) \geqq d(x,z)$

これを距離の**三角不等式**という．

次に数列
$$a_1, a_2, \cdots, a_n, \cdots\cdots$$
は**点列**といえばよい．もちろん，これを略して点列 $\{a_n\}$ とかく．

ここで，念のため注意をうながしておきたいのは，$\{a_n\}$ は集合の記号でないということだ．

可算個の順序をもった実数の組
$$(a_1, a_2, \cdots, a_n, \cdots\cdots)$$
の略記法が $\{a_n\}$ である．かっことして { } を用いるから集合と誤解される．これはむしろ (a_n) とかく方がよいのだが，慣用に従ったまで．

たとえば，数列
$$1, 2, 3, 1, 2, 3, 1, 2, 3, \cdots\cdots \qquad ①$$
は，同じ数が何度も現われるが，順番が異なるから省略できない．数が上の順に並んだものをそのまま表わすのが $\{a_n\}$ である．

数列 ① を作り上げている数に目をつけたのが集合で，それは
$$\{1, 2, 3, 1, 2, 3, 1, 2, 3, \cdots\cdots\} \qquad ②$$

集合の場合には，同じ元をなるべく2度はかかないから，② は簡単に
$$\{1, 2, 3\} \qquad ③$$
とかく．

これを条件を用いて表わせば

$$\{a_n | n \in \mathbf{N}\}$$
ただし，ここで，$\mathbf{N}$ は自数数全体の集合を表わす．

数列の記号 $\{a_n\}$ を ② すなわち ③ と混同してはいけない．たとえば $3 \in \{a_n\}$ とかいたとすると，$\{a_n\}$ を集合とみているわけで誤り．正しくは
$$3 \in \{a_n | n \in \mathbf{N}\}$$
とかくべきである．

まことに $\{a_n\}$ は，やっかいなしろものだ．たれか，勇気を出し (a_n) とかくことにしては……．

× ×

数列 $\{a_n\}$ が α に収束するときは；任意の正の数 ε に対応して，自然数 N が定って
$$n > N \quad \text{のとき} \quad |a_n - \alpha| < \varepsilon$$
となった．

これを点列にかえるには，$|a_n - \alpha| < \varepsilon$ をいいかえる空間的用語がほしくなる．この式は
$$d(a_n, \alpha) < \varepsilon$$
と同じ．定点 α から点 a_n までの距離が ε より小さいことを示す．

そこで，一般に，1つの点 α と正の数 ε を与えられたとき
$$d(\alpha, x) < \varepsilon \quad \text{すなわち} \quad |\alpha - x| < \varepsilon$$
をみたす点 x の集合を考える．この集合は点 α の近くの点の集合であるから，点 α の **近傍** と呼ぶことにし
$$U(\alpha)$$
で表わすことにする．U は近傍のドイツ語 Umgebung の頭文字をとったものである．U の代りに V や N を用いることもある．

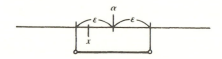

点 α の近傍は ε によって異なるから，点 α に対していくつかの近傍を考える場合には，ε に対応する近傍は $U_\varepsilon(\alpha)$，δ に対応する近傍は $U_\delta(\alpha)$ などとも

表わす．

近傍 $U_\varepsilon(\alpha)$ は区間の記号では
$$(\alpha-\varepsilon,\ \alpha+\varepsilon)$$
と表わされる．近傍は開区間であることを銘記されたい．

この近傍を用いると，点列 $\{a_n\}$ が点 α に収束することは，次のようにいいかえられる．

「α の任意の ε 近傍 $U_\varepsilon(\alpha)$ に対応して，自然数 N が定まり
$$n>N\ \text{のとき}\ a_n\in U_\varepsilon(\alpha) \tag{①}$$
となるようにできる．」

① はさらに集合を用いて
$$\{a_n|n>N\}\subset U_\varepsilon(\alpha)$$
とかくこともできる．

× ×

ここで再び，実数の視覚化として数直線を用いる原理を振り返ってみるのがよさそうだ．

高校では，実数と直線上の点とは座標を用いることによって，1対1に対応させ，数直線を実数の幾何学的モデルとみなす．しかし，これには陥し穴がある．直線は自明のものか．直線上には点がギッシリと詰っていることを自明としているが，ギッシリ詰っているとはどういうことなのか，考えてみるとサッパリわかっていないことに気付く．

点がギッシリ詰っているという内容を明確にさせることはむずかしく，そんならいっそ，実数の連続性を使ってはといったジレンマにおちいる．その方がむしろスッキリするのだ．

数直線とは，実数の空間 **R** の別名であり，その上の点とは実数の別名であるというように割り切ってしまうのがよい．そうみれば，直線上に点がギッシリつまっている状態は，実数の連続性の別名になろう．

● 3. 集積点

数列 $\{a_n\}$ が α に収束する場合，数列の中に α に等しいものがあることは許される．

たとえば

$$5, 4, 3, 2, 1, 1, 1, 1, \cdots\cdots \qquad ①$$

$$1, \frac{1}{2}, 1, \frac{2}{3}, 1, \frac{3}{4}, 1, \frac{4}{5}, \cdots\cdots \qquad ②$$

$$1, 1, 1, 1, 1, 1, \cdots\cdots \qquad ③$$

$$2, \frac{3}{2}, \frac{4}{3}, \frac{5}{4}, \frac{6}{5}, \cdots\cdots \qquad ④$$

をみると、いずれも**極限値**は1であるが、1の数列の中における在り方は異なる.

①では、はじめの4項が1と異なり、それ以後はすべて1である.

②では、奇数番めがすべて1であるから、1は無限に現われる.

③はすべての項が1に等しい極端な場合である.

④は1に収束するにもかかわらず、1が1回も現われない.

②と④では1の近傍には、1と異なる数が無限にある.ある数の近傍に無限に数があることに着目すると、次の集積点の概念が生まれる.

一般に、$\mathbf{R}$の部分集合Aがあるとき、$\mathbf{R}$の元xの任意のε近傍がxと異なるAの元を無限に含むならば、xをAの**集積点**という.

この定義には要点が2つある.

(1) Aの集積点はAの元とは限らないこと.

(2) 無数にあるというのはAの元であること.

たとえば集合

$$A = \left\{ 1, \frac{1}{2}, \frac{1}{3}, \frac{1}{4}, \cdots\cdots \right\}$$

の集積点は0であるが、0はAに属さない.

また集合

$$A = \left\{ 1, 1-\frac{1}{2}, 1-\frac{1}{4}, 1-\frac{1}{8}, \cdots\cdots \right\}$$

の集積点は1で、1はAに属している.

問1 次の集合Aの集積点は何か.またそれはAに属するか.

(1) A = {2.9, 2.99, 2.999, ……}

(2) A = {3, 3.3, 3.03, 3.003, 3.0003, ……}

また集合Aの集積点は1つとは限らない．たとえば

$$A = \left\{ a_n \mid a_n = \frac{1}{n} + (-1)^n, \ n \text{ は自然数} \right\}$$

の集積点は1と−1である．

閉区間 $A = [1, 2]$ の集積点は，Aのすべての点で，それ以外にはない．したがって集積点はすべてAに属する．

開区間 $A = (1, 2)$ では，Aのすべての点，および両端の1と2が集積点である．したがって，Aの集積点の大部分はAに属し，2つだけはAに属さない．

× ×

点 x の集積点の定義で

D_1：任意の ε 近傍が x と異なるAの元を無限に含むとなっているが，これは

D_2：任意の ε 近傍が x と異なるAの元を少なくとも1つ含むといいかえてもよい．

"無限に含む"と"少なくとも1つ含む"では，月とスッポンほどの違いがあるのに，内容が同じとはどういうわけか．ナゾの本体は"任意の ε 近傍"の"任意"にかくされている．近傍は任意にとってよいとすると，近傍自身を無限に選んでよいから，1つの近傍に1つずつAの元があっても，全体では無限の元を含むようにできるのだ．これをもっと正確に推論してみよう．

○　x の ε_1 近傍から x と異なるAの元 a_1 をとる．

○　$|x - a_1|$ よりも小さい ε_2 を選んで，ε_2 近傍から x, a_1 と異なるAの元 a_2 をとる．

○　$|x - a_2|$ よりも小さい ε_3 を選んで，ε_3 近傍から x, a_1, a_2 と異なるAの元 a_3 をとる．

以下同様のことを無限にくり返すことができるから，数列

$$a_1, a_2, a_3, \cdots\cdots$$

がえられる．

この数列の項はすべて x と異なるAの元で，作り方からみて互いに異なるか

ら，無限の元からなっている．しかも，これらの元は ε_1 近傍にすべて含まれるから，ε_1 近傍は A の元を無限に含むことになる．

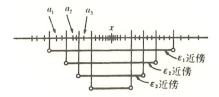

以上で $D_2 \Rightarrow D_1$ が示された．$D_1 \Rightarrow D_2$ は証明するまでもなくあきらかであろう．

集合 A の元のうちで，A の集積点でない点を A の **孤立点** という．

$$A \text{の元} \begin{cases} A \text{の集積点} \\ A \text{の孤立点} \end{cases}$$

A の元 a が A の集積点であることは「a の ε 近傍に，A の元で a と異なるものが少なくとも 1 つ含まれる」ことであった．これを否定すれば，孤立点の条件になる．すなわち，A の元 a が A の孤立点であることは「a の ε 近傍の中に，a 以外に A の元を含まないものがある」こととなる．

たとえば，集合

$$A = \left\{1, \frac{1}{2}, \frac{1}{3}, \frac{1}{4}, \cdots \right\}$$

の集積点は 0 のみで，これは A に属さないから，A の元には集積点になるものがなく，孤立点のみである．任意の元 $\frac{1}{n}$ に対応して $\frac{1}{n} - \frac{1}{n+1}$ よりも小さい正の数 ε をとれば，$\frac{1}{n}$ の ε 近傍には，$\frac{1}{n}$ と異なる A の元が存在しない．

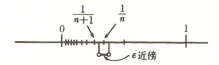

4. 有界無限集合の性質

集積点に関しては，次の重要な ボルツァノ-ワイエルストラス (Bolzano-Weierstrass) の定理がある．

> **ボルツァノーワイエルストラスの定理**
> 実数 $\mathbf{R}$ の有界な無限集合 A は少なくとも 1 つの集積点をもつ.

(証明) カントルの縮小閉区間列の定理を用いてみよう.

A の下界の 1 つを p, 上界の 1 つを q とする. 閉区間 $[p,q]$ の中点を r とし, 2 つの閉区間

$$[p,r], \quad [r,q]$$

を作ると, この少なくとも一方に A の元が無限にある. その無限の元を含む区間の 1 つを $[p_1, q_1]$ で表わす.

$[p_1, q_1]$ についても同様のことを試み, A の元を無限に含む区間 $[p_2, q_2]$ を求める.

以下同様にして, 区間列

$$[p,q], [p_1, q_1], [p_2, q_2], \cdots\cdots$$

を作ると, これはカントルの縮小閉区間列の条件をみたしているから, すべての区間に含まれるただ 1 つの元 x ($x \in \mathbf{R}$) がある.

この x が A の集積点であることを示せば, 証明の目的を達する. それには x の ε 近傍が x と異なる A の元を少なくとも 1 つ含むことを示せばよい.

ε に対して

$$\frac{1}{2^n} < \varepsilon$$

をみたす自然数 n をとることができる. この n に対して, 区間 $[p_n, q_n]$ をとると, この区間の巾は

$$p_n - q_n = \frac{1}{2^n}$$

で, A の元を無限に含むから, x と異なるものを少なくとも 1 つ選ぶことができる. その 1 つを a_n とすると

$$|x - a_n| \leq |p_n - q_n| = \frac{1}{2^n} < \varepsilon$$

よって, a_n は x の ε 近傍に属する. したがって, 元 x の ε 近傍は A の元を少

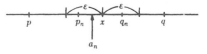

なくとも1つ含み x はAの集積点である．

問2 次の問に答えよ．
(1) すべての自然数に対して $2^n \geqq 1+n$ であることを数学的帰納法で証明せよ．
(2) 任意の正の数 ε に対して
$$\frac{1}{2^n} < \varepsilon$$
をみたす自然数 n が存在することを示せ．

(別証) この定理の証明には，ハイネ-ボレルの被覆定理を用いてもよい．

Rの有界な無限集合Aが集積点をもたないとすると，矛盾が起きることを示せばよい．

仮定によってAは有界だから，Aを含む閉区間 $[p,q]$ が存在する．

Aは集積点をもたないのだから，区間 $[p,q]$ のすべての元は Aの集積点でない．したがって $[p,q]$ の任意の元 x に対応して，x と異なるAの元を全く含まない近傍 $U(x)$ をとることができる．このU(x)は，x がAの元ならば，Aの元を1つ含み，x がAの元でないならば，Aの元を含まない．

このような近傍の族を Γ とすると，Γ はあきらかに $[a,b]$ の被覆である．したがってハイネ-ボレルの被覆定理によって，Γ の中から有限個の近傍

$$U_1, U_2, \cdots, U_n \qquad ①$$

を選び，$[a,b]$ を覆うことができる．Aは $[a,b]$ の部分集合だから，Aは①によって覆うことができる．

①の各近傍から A以外の元を除いてえられる集合をそれぞれ $V_1, V_2, \cdots, V_n$ としても，これらによってAは覆われるから

$$A \subset V_1 \cup V_2 \cup \cdots \cup V_n \qquad ②$$

ところが，$V_1, V_2, \cdots, V_n$ には，Aの元は高々1つしかない．すなわち，Aの元を含まないか，含むとしても1つであるから，②の右辺は n 個以下の有限集合であり，Aもまた有限集合になる．これはAが無限集合であることに矛盾する．

よって，Aには少なくとも1つの集積点がある．

×　　　　　×

以上で証明した定理は，Aに有界の仮定がないと成り立たない．たとえば，整数の集合は無限集合であるが，有界ではなく，集積点をもたない．もちろん，有界でなくとも集積点をもつものはある．すべての有理数の集合は有界ではないが，実数全体が集積点である．

問3 整数の集合 $\mathbf{Z}$ は集積点をもたないことを，次の2つの場合に分けて証明せよ．
(1) $\mathbf{Z}$ の元 n は集積点でない．
(2) $\mathbf{Z}$ の元でない実数 x は集積点でない．

● 5. 数列の部分列

数列が収束すれば有界であることはすでにあきらかにした．逆に有界な数列は収束するだろうか．

たとえば数列
$$0, \frac{3}{2}, -\frac{2}{3}, \frac{5}{4}, -\frac{4}{5}, \cdots, (-1)^n + \frac{1}{n}, \cdots$$

のすべての項は -1 と 2 の間にあるから有界であるが，2つの集積点 $-1, 1$ をもつから収束しない．

しかし，この数列から偶数番のものを取り出して作った数列
$$\frac{3}{2}, \frac{5}{4}, \frac{7}{6}, \cdots, \frac{2n+1}{2n}, \cdots\cdots$$

は 1 に収束し，奇数番のものを取り出して作った数列
$$0, -\frac{2}{3}, -\frac{4}{5}, \cdots, -\frac{2n-2}{2n-1}, \cdots\cdots$$

は -1 に収束する．

ここで作った2つの数列は，もとの数列の一部分を取り出して作ったもので，もとの数列の**部分列**という．ただし，部分列を作るときは，もとの数列の項の順序に従って並べることにする．

したがって
$$a_1, a_2, a_3, \cdots\cdots \qquad ①$$

の部分列を
$$a_p, a_q, a_r, \cdots\cdots \qquad ②$$

とすると，$p<q<r<\cdots$ となっていなければならない．

さて，部分列のサヒックスをどうつけたらよいか．② の方式のように，異なる文字 $p, q, r, \cdots$ を用いたのでは，文字の数で行詰るし，サヒックスを見ても順番が分りにくい．

そこで，2重のサヒックス

$$a_{k_1}, a_{k_2}, \cdots, a_{k_n}, \cdots\cdots$$

が用いられる．しかし，この方式は植字工泣かせだから，ここでは数字を k 並みの大きさに選んだ

$$a_{k1}, a_{k2}, \cdots, a_{kn}, \cdots\cdots \qquad\qquad\qquad ③$$

を用いることにする．ここで $k1, k2, \cdots$ は，数字の順に増加するのが約束である．

$$k1 < k2 < \cdots\cdots$$

たとえば ① の偶数番めの項を選んだ部分列が ③ であるとすると

$$k1=2,\ k2=4,\ k3=6,\ \cdots\cdots$$

　　　　　　×　　　　　　　　　　×

有界な数列では，項を適当に選び出して，収束する部分列を作ることができる．それが次の定理である．

～～～～～～～～～～～～～～～～～～～～～～～～～～～～～～～～
有界な数列には収束する部分列がある
～～～～～～～～～～～～～～～～～～～～～～～～～～～～～～～～

この定理の証明はやさしいようで，人泣かせのところがある．

数列には無限の項があるが，その中の数は集合としてみると無限とは限らないからである．たとえば

$$1,\ 1,\ 3,\ 1,\ 1,\ 3,\ 1,\ 1,\ 3,\ \cdots\cdots$$

は，項は無限でも，これを構成している数は 1 と 3 だけである．

だから，有界な無限数列は，有界な無限集合から成っていると即断してはいけない．有界であっても無限集合でなければ，ボルツァノ-ワイエルストラスの定理の条件をみたさないから，この定理が使えない．

そこで証明は，数列を作っている数が有限のときと，無限のときに分けて考えなければならない．

有限のとき，たとえば

0, 1, 2, 1, 1, 2, 1, 1, 1, 2, 1, 1, 1, 1, 2,
1, 1, 1, 1, 1, 2, ……

ならば，集合 $\{0,1,2\}$ の元で作られる．0は1回現われるだけだが，1と2は無限に現われる．そこで2を左から順にとり出して

$$\underset{\parallel}{a_3},\ \underset{\parallel}{a_6},\ \underset{\parallel}{a_{10}},\ \underset{\parallel}{a_{15}},\ \underset{\parallel}{a_{21}}\ \cdots\cdots$$
$$\ 2,\ \ 2,\ \ 2,\ \ 2,\ \ 2,\ \cdots\cdots$$

と並べると部分列ができて，2に収束する．これを一般化すれば有限のときの証明になる．

無限のときは，集積点が少なくとも1つあるから，その1つを x とし，x の近傍からAの元を限りなく取り出すことをくふうすればよい．

（証明） 有界な数列を

$$a_1,\ a_2,\ \cdots,\ a_n,\ \cdots\cdots \qquad ①$$

とする．

(1) 数列が有限個の数から成るとき．

その有限個の数を $(b_1, b_2, \cdots, b_m)$ とする．この中には①に無限に現われるものが必ずある．なぜかというに，もしなかったとする①の項の数も有限個になって矛盾を起こすからである．

無限に現われる数の1つを b_i としよう．①から b_i を順にとり出して，それを順に並べた数列

$$b_i,\ b_i,\ \cdots,\ b_i,\ \cdots\cdots$$

は①の部分列で，しかも b_i に収束する．

(2) 数列が無限個の数からなるとき．

①を作っている数の集合をAとすると，Aは有界な集合だから集積点をもつ．その1つを x とすると，x の ε 近傍はAの元を無限に含む．

そこで $\varepsilon = 1$ のときの近傍からAの元を1つとる．その元が①の中に現われる最初の番号を k_1 とする．

次に $\varepsilon = \dfrac{1}{2}$ のときの近傍からAの元を1つとる．その元が①の中に現われる番号のうち，k_1 を越す最小値を k_2 とする．

以下同様にして $k_3, k_4, \cdots$ を定めると，この定め方から，あきらかに

$$k_1 < k_2 < k_3 < \cdots\cdots$$

したがって数列

$$a_{k_1},\ a_{k_2},\ a_{k_3},\ \cdots\cdots \qquad ②$$

は①の部分列である．

この部分列で，任意の ε に対して，$\dfrac{1}{N} < \varepsilon$ をみたす自然数 N を選べば

$$|x - a_{kN}| < \frac{1}{N} < \varepsilon$$

N より大きいすべての n に対しても

$$|x - a_{kn}| < \frac{1}{n} < \frac{1}{N}$$

$$\therefore\ |x - a_{kn}| < \varepsilon$$

よって部分列②は x に収束する．

● 6. 実数の完備性

すでに触れたように，数列 $\{a_n\}$ の収束を極限値を用いずに判定する準備として，基本列なる概念を考えた．すなわち

数列 $\{a_n\}$ において，任意の正の数 ε に対応して自然数 N が定まり，N より大きいすべての自然数 m, n に対して

$$|a_m - a_n| < \varepsilon$$

をみたすようにできるとき，$\{a_n\}$ を**基本列**または**コーシー列**という．

数列は収束すれば基本列になることは簡単に証明できる．重要なのはこの逆が成り立つかどうかなのだが，順序として，はじめの方を証明してみる．

例題1　数列は収束すれば基本列になる．これを証明せよ．

（解）　数列 $\{a_n\}$ は α に収束したとする．

任意の正の数を ε とすると，$\dfrac{\varepsilon}{2}$ に対して，自然数 N が定まり

$$l > N\ \text{のとき}\ |a_l - \alpha| < \frac{\varepsilon}{2}$$

となるようにできる．

l は N より大きければどんな自然数でもよいから，l の任意の2つの値を m, n とすると

$$|a_m-\alpha|<\frac{\varepsilon}{2}$$

$$|a_n-\alpha|<\frac{\varepsilon}{2}$$

$$\therefore \quad |a_m-a_n|=|(a_m-\alpha)-(a_n-\alpha)|$$
$$\leqq |a_m-\alpha|+|a_n-\alpha|$$
$$<\frac{\varepsilon}{2}+\frac{\varepsilon}{2}=\varepsilon$$

よって
$$m,n>N \text{ のとき} \quad |a_m-a_n|<\varepsilon$$

> **コーシーの定理**
> 数列は基本列ならば収束する.

実数の集合 **R** がこの性質をもつことを **R** は**完備**(complete)であるという.

有理数の集合 **Q** の数列は,基本列であっても収束しないから,**Q** は完備でない.

コーシーの定理を証明するには,まず有界であることを示し,その上で,有界な数列は収束する部分列をもつことを用いればよい.

(**証明**) 数列 $\{a_n\}$ は基本列であるとする.

(1) 有界であることの証明

$\{a_n\}$ は基本列であるから,ある正の数 ε に対して自然数 N が定まり

$$m,n>N \text{ のとき} \quad |a_m-a_n|<\varepsilon$$

となるようにできる.

したがって,m として $N+1$ をとれば
$$|a_{N+1}-a_n|<\varepsilon$$
$$\therefore \quad a_{N+1}-\varepsilon<a_n<a_{N+1}+\varepsilon$$

コーシー

これは n が N より大きいときに成り立つ．そこで
$$a_1, a_2, \cdots, a_N, a_{N+1}-\varepsilon$$
の最小値を A とし
$$a_1, a_2, \cdots, a_N, a_{N+1}+\varepsilon$$
の最大値を B とすると，
　　　すべての n に対して　　$A \leqq a_n \leqq B$
よって，$\{a_n\}$ は有界であることが証明された．

(2)　収束することの証明

有界な数列は収束する部分列を少なくとも1つもつから，その1つを
$$a_{k_1}, a_{k_2}, \cdots, a_{k_m}, \cdots\cdots$$
とし，極限値を α としよう．

任意の正の数 ε をとると，$\dfrac{\varepsilon}{2}$ に対して自然数 N_1 を定め
$$m > N_1 \text{ のとき }\quad |a_{k_m}-\alpha| < \frac{\varepsilon}{2} \qquad ①$$
となるようにできる．

またもとの基本列においては，$\dfrac{\varepsilon}{2}$ に対して N_2 を定め
$$m, n > N_2 \text{ のとき }\quad |a_n - a_m| < \frac{\varepsilon}{2}$$
となるようにできる．

そこで，N_1, N_2 の最大値を N として，N より大きい m, n をとると
$$km > m > N \geqq N_1$$
だから，① は成り立ち，また
$$km > m > N \geqq N_2$$
$$n > N \geqq N_2$$
だから km, n に対して
$$|a_n - a_{k_m}| < \frac{\varepsilon}{2} \qquad ②$$
が成り立つ．したがって ① と ② から
$$|a_n - \alpha| = |(a_n - a_{k_m}) + (a_{k_m} - \alpha)|$$
$$\leqq |a_n - a_{k_m}| + |a_{k_m} - \alpha|$$
$$< \frac{\varepsilon}{2} + \frac{\varepsilon}{2} = \varepsilon$$

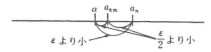

よって，はじめの基本列は α に収束する．

例題2 漸化式
$$x_{n+1}=\frac{2x_n+2}{x_n+2}, \quad x_1=1$$
によって作られる数列 $\{x_n\}$ は基本列であることを示し，収束することを証明せよ．また極限値を求めよ．

(解) 与えられた式から
$$x_n>0 \quad \text{ならば} \quad x_{n+1}>0$$
ところが $x_1>0$ だから，一般に $x_{n+1}>0$ となる．

次に
$$x_{n+1}-x_n=\frac{2x_n+2}{x_n+2}-\frac{2x_{n-1}+2}{x_{n-1}+2}$$
$$=\frac{2(x_n-x_{n-1})}{(x_n+2)(x_{n-1}+2)}$$
$$\therefore \quad |x_{n+1}-x_n|<\frac{1}{2}|x_n-x_{n-1}|$$
$$\therefore \quad |x_{n+1}-x_n|<\frac{1}{2^{n-1}}|x_2-x_1|$$
$$=\frac{1}{2^{n-1}}\times\frac{1}{3}<\frac{1}{2^n}$$

$m>n$ とすると
$$|x_m-x_n|\leqq|x_m-x_{m-1}|+\cdots+|x_{n+1}-x_n|$$
$$<\frac{1}{2^{m-1}}+\cdots+\frac{1}{2^{n+1}}+\frac{1}{2^n}$$
$$=\frac{1}{2^{n-1}}-\frac{1}{2^{m-1}}<\frac{1}{2^{n-1}}$$

よって，任意の正数 ε に対応して
$$\frac{1}{2^{N-1}}<\varepsilon$$

をみたす N をとれば，$m > n > N$ なるすべての m, n のとき

$$|x_m - x_n| < \frac{1}{2^{n-1}} < \frac{1}{2^{N-1}} < \varepsilon$$

となる．

$m = n$ のときは問題ない．$m < n$ ときは m と n をいれかえた推論を試みればよい．よって一般に

$m, n > N$ のとき $|x_m - x_n| < \varepsilon$

数列 $\{x_n\}$ は基本列であるから収束する．

$x_n \to \alpha$ とすると $x_{n+1} \to \alpha$ であるから

$$\alpha = \frac{2\alpha + 2}{\alpha + 2}$$

この正根を求めて $\alpha = \sqrt{2}$

◉ 練 習 問 題 ◉

1. 次の問に答えよ．
   (1) 数列 $\{a_n\}$ が α に収束すれば，その任意の部分列 $\{a_{k_n}\}$ は α に収束するか．
   (2) 数列 $\{a_n\}$ のある部分列が α に収束すれば，もとの数列は α に収束するか．
   (3) 数列 $\{a_n\}$ の任意の部分列が α に収束すれば，もとの数列も α に収束するか．
2. 小数から成る次の数列は基本列であり，したがって収束することを証明せよ．

$$a_1 = \frac{b_1}{10}$$

$$a_2 = \frac{b_1}{10} + \frac{b_2}{10^2}$$

$$a_3 = \frac{b_1}{10} + \frac{b_2}{10^2} + \frac{b_3}{10^3}$$

$$\cdots\cdots\cdots\cdots\cdots$$

$$a_n = \frac{b_1}{10} + \frac{b_2}{10^2} + \cdots + \frac{b_n}{10^n}$$

ただし $b_1, b_2, \cdots, b_n$ は 0 以上で 9 以下の自然数とする.

3. 次の数列は基本列でないことを示すことによって，発散することを証明せよ．

$$a_1 = 1$$
$$a_2 = 1 + \frac{1}{2}$$
$$a_3 = 1 + \frac{1}{2} + \frac{1}{3}$$
$$\cdots\cdots\cdots\cdots$$
$$a_n = 1 + \frac{1}{2} + \frac{1}{3} + \cdots + \frac{1}{n}$$

hint

1. (1) 収束する．$n > N$ のとき $|a_n - \alpha| < \varepsilon$, $kn > n$ だから $kn > N$ のとき $|a_{kn} - \alpha| < \varepsilon$
   (2) 収束しない．反例を挙げよ．
   (3) 収束する．$\{a_n\}$ 自身も $\{a_n\}$ の部分列であるから．

2. $m > n$ とすると $a_m \geqq a_n$

$$|a_m - a_n| = \frac{b_{n+1}}{10^{n+1}} + \cdots + \frac{b_m}{10^m} < \frac{1}{10^n} + \cdots + \frac{1}{10^{m-1}}$$
$$= \frac{1}{10^n}\left(1 - \frac{1}{10^{m-n}}\right) \Big/ \left(1 - \frac{1}{10}\right) < \frac{1}{10^{n-1}}$$

よって正の数 ε に対して $\frac{1}{10^{N-1}} < \varepsilon$ をみたす N をとれば $n > N$ のとき $|a_m - a_n| < \varepsilon$ となる．

3. $a_{2n} - a_n = \frac{1}{n+1} + \frac{1}{n+2} + \cdots + \frac{1}{2n} > \frac{1}{2n} \cdot n = \frac{1}{2}$

である．よって，ε を $\frac{1}{2}$ に選べば，どんな N をとっても，N より大きい $n, m (= 2n)$ を適当に選ぶことによって，$|a_m - a_n| \geqq \varepsilon$ となるようにできる．

→**注** $\{a_n\}$ が α に収束する条件，および基本列の条件の否定は，内容に即して，頭で作ろうとするとかえって難しいようだ．論理記号でかき，形式的に否定を作った上で，その内容を理解するという順序をとってはどうか．"すべての ε について" は $\forall\varepsilon$, "適当に N をとれば" は $\exists N$ などの表わし方をとってみる．ε は正の数，N, m, n は自然数としておく．

(i) α に収束する条件

$$\forall \varepsilon \, \exists N \, \forall n \quad (n>N \Rightarrow |a_n-\alpha|<\varepsilon)$$

この否定は

$$\exists \varepsilon \, \forall N \, \exists n \quad (n>N \text{ and } |a_n-\alpha|\geqq\varepsilon)$$

すなわち, ε を適当に選ぶならば, どんな N に対しても, N より大きい n を適当に選ぶことによって $|a_n-\alpha|\geqq\varepsilon$ となるようにすることができる.

(ii) 基本列の条件

$$\forall \varepsilon \, \exists N \, \forall m,n \quad (m,n>N \Rightarrow |a_m-a_n|<\varepsilon)$$

この否定は

$$\exists \varepsilon \, \forall N \, \exists m,n \quad (m,n>N \text{ and } |a_m-a_n|\geqq\varepsilon)$$

すなわち, ε を適当に選べば, どんな N に対しても, N より大きい m,n を適当に選ぶことによって $|a_m-a_n|\geqq\varepsilon$ となるようにすることができる.

第5章 連続な関数

● 1. 歩いてから考える

 2つの声がきこえてくる.
「トポロジーはやっぱりむずかしい」
「いや,こんなモノ数学のうちにはいらない」
 数学を学ぶのはエリート特権といった貴族趣味がドブに捨てられたみにくいナイロンに姿をかえようとする現在,第2の声は気にしなくてよい. 筆者にとって身にこたえるのは第1の声である.
 もし,この声が真実であったとしたら,声はトポロジーに向けられているというよりは,筆者に向けられているとみるべきか. むずかしいのはトポロジーではなく,解説のまずさにあると思うようでなければ,数学の大衆化の意欲は失われよう.

×　　　　　　　×

 とはいっても,万事他人まかせでも困る. 世の中が住みにくいのは,他人が悪いからだときめつけるだけでは,過保護の大学生の思考方式. けさの新聞に,

大学生のアルバイトに，教育ママがついて来て，ことごとに口を出し，おやつをくばる投書があった．過保護も，極限に達した感じである．
　昔の俳句に，
「何事も他人まかせの年の暮れ」
というのがあった．この他人まかせには，あくせくせずに生きていくゆとりが感じられるし，他人をせめるトゲトゲしさもない．現代の他人まかせは，他をせめるに急で，自己を振り向く余裕がない．それも時世のため…というにいたってはどしがたい．人の世を変えるのは，1人1人の人間でないというなら，一体何者が世の中を変えるのか．

　　　　　　　　　　×　　　　　　　　　　×

　筆者も解説に精進するが，読者も読み方，学び方をくふうして頂きたい．
　数学を学ぶことは，天才や数学者は別として，素人には手ごわいのが真実である．数学の本は，20ページも読めば，完全に行き詰った感じで，投げ出したくなるものである．そのとき劣等感を抱いて，あきらめるのが一番いけない．
「想う人の門前を行きつ戻りつ」

　数学の勉強には，この要領がよい．そのうち，犬が吠えるかもしれない．母親が買出しに出かけるかもしれない．彼女が窓を開けたとしたら最高というわ

けだ．
「求めよ，さらば与えられん」
聖書の教えには真理がある．
「求めて止まないならば，数学は必ずわかるものだ．どんな人にも」
この信念がものをいう．
「石谷茂は神だたりじゃないか」
さにあらず．潜在意識の活用…科学的，心理学的なことをいっているのだ．食わず嫌いを，暗示を与えて直す人がいる．
マーフィーという心理学者は，人間の成功の秘訣として，過去に形成された潜在意識をかえること，価値ある潜在意識を新しく形成することの重要さを主張している．
「筆者こと石谷茂の記事は必ずわかる」
「筆者こと石谷茂は必ずわかる記事をかく」
こうあってほしいのだが．かげの声あり
「我田引水もいい加減にしたまえ」
調子に乗り過ぎたか．

　　　　　　　　×　　　　　　　　　×

ある評論家がこんなことをいった．
「ドイツ人は考えてから走る．フランス人は走ってから考える．イギリス人は走りながら考える」
ボクの記憶違いであったらお許し頂きたい．さてわれわれ日本人はどうか．
「アメリカ人が走れば，日本人も走る」
真偽のほどは政治評論家と称する人にゆずり，数学の学び方へ戻ろう．
数学を学ぶのに走るのは禁物．勇み足もよくない．一歩一歩確実に，ときにはブラリブラリと散策とゆきたい．
「歩きながら考える」
ときには
「歩いてから考える」
あるいは
「考えてから歩く」

である．インテリは，考えてばかりいて実行力に欠ける．そこで筆者の生活信条を

「行わないならば失敗もしないが，成功のチャンスもない．どんなクジも，引かなければ当たらない．確率は計算するためにあるのではなく，ためすためにあるのだ」

● 2. 実数について何を知ったか

この講座もだいぶ歩いた感じ．踏みとどまって，アタマの中を整理し，先へ進む足場を固めるチャンスであろう．

「実数について，何を知るのが目標であったか」

「位相のカテゴリーに属する連続性であった．演算や大小関係は，それを盛り上げるための周辺に過ぎなかった」

「連続性をどうとらえたか」

「最初に張った網はデデキントの連続の公理であった．その網で実数という魚をすくった」

「その網の正体は？」

「有理数を2つに切断した．そのとき，最大値も最小値もなかったら，無理数を補った」

「すべての無理数を補って作った実数でも切断を考えると，その切断はどうなったか」

「小さい方に最大値があるか，大きい方に最小値が必ずある．これが連続の公理の最後の姿で，切断の有端性と呼ぶ人もいる」

―― デデキントの連続の公理 ――

実数を A, B 2つの部分に分け，Aの元よりBの元が大きいようにすると，Aに最大値があるか，Bに最小値があるかのどちらか一方が起きる．

「つまり，デデキントは，有理数の隙間に，切断という巧妙な方法で無理数を挿入することによって実数を完成した．その隙間をうめつくしたという漠然たる状態を，あとで推論に使えるように，定式代したのが連続の公理である」

「なるほど，切って，つないだわけか」

2. 実数について何を知ったか

「うまいことをいう．じゃ一句といこう．実数を，切ってつないだ，デデキント」

「デデキント以外は切らずにつなぐか」

「切る代りに閉じ込める．どれも有界であることが重要な条件になっている．有界とはある限られた範囲に閉じ込められている状態である．それを振り返ってみる」

「デデキントの連続の公理から，最初に何を導いたか」

「**制限完備性**――ワイエルストラスの公理であった」

――ワイエルストラスの公理――

実数の部分集合 $A(\neq \phi)$ は
　上に有界ならば上限があり
　下に有界ならば下限をもつ

「なるほど有界という条件がある」

「集合Aが右の方で押えられておれば，Aの右端のところにギリギリの点がある．それが上限である．左の方で押えられておればAの左端のところにギリギリの点がある．これ下限である」

「上限，下限もAに属するか」

「それは分らない．Aに属することも，属さないこともある」

「次に導いたのは何んであったか」

「アルキメデスの公理，これは実数の連続性とは異質で，実数の性質の中では傍系に属すが，一応復習しておこう」

――アルキメデスの公理――

　どんな正の数でも，何倍(整数倍)かすれば，必ず，もう1つの正の数より大きくなる

「余りにもあたりまえ過ぎてピンとこないが」

「それを先入観念という．すべての先入観念を捨てて白紙にかえり，白紙の上に数学を書きあげてゆく態度でありたい」

「次に何を導いたか」

「カントルの縮小閉区間列の定理——この定理には３つの要点がある」

「その３つとは？」

「第１条件——区間は閉区間であること．第２条件——区間は限りなく縮小してゆくこと．第３条件——ある区間は，その前の区間に含まれること．このような条件をみたしておれば，すべての区間に共通な実数がただ１つあることを保証するのがカントルの定理である」

───カントルの縮小閉区間列の定理───

実数の閉区間の列

$$[a_1, b_1], [a_2, b_2], \cdots$$

があって，どの区間もその前の区間に含まれ，しかも，区間の幅が０に収束するならば，すべての閉区間に共通な実数が１つだけある．

───

「この定理は，１つの実数をとらえるのに，その数を，限りなくせまいところに閉じ込める方式である．閉区間をせまくする度に，多くの数が次々に逃げてゆくが，最後に１つの数だけは逃げそこねて残る」

「有理数にも，その性質はあるだろう」

「いや，有理数では，必ずしもそうはならない．最後にカラッポで，がっかりすることがある」

「その実例を１つ」

「そんな例はいくらでもある．たとえば $\sqrt{2}$ に上下から収束する数列をもとにすればよい．

$$x_{n+1} = \frac{x_n + 2}{x_n + 1}$$

初期値として $x_1 = 1$ をとり，$x_2, x_3, \cdots$ を順に計算してみると

$$1, \frac{3}{2}, \frac{7}{5}, \frac{17}{12}, \cdots$$

この数列は $\sqrt{2}$ の上下の位置を交互にとって $\sqrt{2}$ に収束する．そして，閉

区間列として

$$\left[1, \frac{3}{2}\right], \left[\frac{7}{5}, \frac{3}{2}\right], \left[\frac{7}{5}, \frac{17}{12}\right], \ldots$$

を作ってみると，これらの区間に共通な数は無理数 $\sqrt{2}$ だけである．

　もし，有理数 k がそうであったとすると，$\sqrt{2}$ と k の間にはいる数列の項が必ずあるから，その項を端とする上の閉区間をとると，その区間には k が含ま

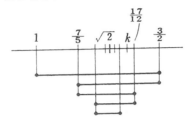

れないことになって矛盾に達するというわけである」

「なるほど，ではこの閉区間列によって，$\sqrt{2}$ が導入できるか」

「できる．一般化し，区間の端が有理数のすべての縮小閉区間列に1つの数を対応させることにすれば，有理数はもちろんのこと，無理数も導入されて，実数が完成する．そして，その完成した実数の集合で，縮小閉区間列を考えれば，こんどは，すべての区間に含まれる実数が1つだけ存在することになる」

「理論の構成法はデデキントの切断の場合に似ているのに驚く」

「とらえようとする目標が同じ連続性であってみれば，理論の構成に共通なところがあったとしても不思議ではない」

「縮小閉区間列の応用の有効な例はなにか」

「それは，ボルツァノ-ワイエルストラスの定理であろう．有界な無限部分集合は少なくとも1つの集積点をもつという定理である．この定理を証明するために，カントルは縮小閉区間定理を想定したのではないかと思いたいくらいである」

「それは一体どういう意味か？」

「有界な無限集合が集積点をもつことを証明しようと思えば，集積点のありそうなとこに目をつけ，そこをせまい閉区間の中に閉じこめてみようとするのが自然な着想．ところがこの着想を実行すると，おのずから，縮小閉区間列の定理に達する」

「最後にどんな定理に達したか」
「有名なコーシーの定理——またの名は完備性である」

―――コーシーの定理(完備性)―――――――――――――――
基本数列は収束する．
―――――――――――――――――――――――――――

「この定理は簡単で気持がよい」
「スカッとさわやかな感じ．基本列の説明が済んでいるからだ」
「さて，基本列とはなんであったか」
「十分先の方の項を選ぶことによって，2項間の差を思う存分小さくできるような数列のこと」
「もっと正確にいえばどうなるか」
「いまのいい方が不正確なわけではない．もっと推論向き，式による表現向きにいえば ε, δ-方式になるのだとみるべきである．
　どんなに小さい正数 ε を与えられても，それに応じて適当な N を選び，N より大きいすべての m, n について
$$|a_m - a_n| < \varepsilon$$
となるようにすることができる．この条件をみたす数列
$$a_1, a_2, \cdots, a_r, \cdots$$
が基本列である」
「完備性は実数の連続性の1つの表現とみられるか」
「それはいえる．有理数の基本列はすべて収束すると仮定すれば，その極限値に有理数は当然はいり，さらにすべて無理数も導入されて，実数は完成する．そして，この完成した実数で基本列を考えると，必ず収束することになる」

● **3. 公理間の論理関係について**

「われわれは，実数の連続性の完全な表現の1つとしてデデキントの切断の有端性を公理にとり，それをもとにして
　制限完備性，アルキメデスの公理，
　縮小閉区間列の定理，完備性
などを定理として導いて来た」

「これらの多くの命題相互の論理関係はどうなっているか」

「それを明確に知ることは，実数の連続性を構造的につかむことでもある」

「同値なものがあるか．もし，あるとすれば，それは連続性の完全な別表現とみられるだろう」

「完全に同値なのは，デデキントの公理と制限完備性である．

　　デデキントの公理 $\iff$ 制限完備性」

「そのほかはどうなっているか．先にアルキメデスの公理は傍系だときいたのが気になる」

「デデキントの公理と制限完備性には，数列がなかったから，自然数との関係，とくにその重要な性質であるアルキメデスの公理を必要としなかった．ところが…」

「縮小閉区間列の定理と完備性は数列に関係があるために，アルキメデスの公理を無視して，ひとり歩きをする力がない」

「コンビで同値関係になるのか」

「予想通り．アルキメデスの公理の許で，縮小閉区間列の定理と完備性とは同値．つまり，アルキメデスの公理が成り立つとき

　　縮小閉区間列の定理 $\iff$ 完備性」

「では，それとデデキントの公理との関係はどうか」

「アルキメデスの公理と縮小閉区間列の定理とを合わせたものが，デデキントの公理と同値になる．もちろん，アルキメデスの公理と完備性を合わせたものも，デデキントの公理と同値である」

「では，以上の関係を次頁に図解してみよう」

「われわれが試みたのは，上から下への証明であった．つまり一方交通である．同値であることを示すには，下から上への証明も必要である」

「一方交通のままで不安はないか」

「それは数学に対する心構えの問題に過ぎない．隅々まで完全に証明しないうちは先へ進むな…こんな勉強の仕方が長い間強調されて来たのは残念である．多くの数学者によって，すでに証明し尽された内容は，一応そのまま受け入れて，先を急ぐ学び方もあってよい」

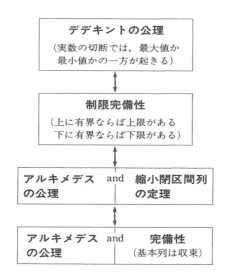

「一応そのまま…，ということは，必要があったら，逆もどりして確めてみよということか」

「必要と余裕があったらということ．余裕は時間的余裕のことも，心の余裕のこともあろう」

「以上のほかにも重要そうな定理があった．それについての同値関係はどうなっているか」

「主なものについてみると
  ○ 上に有界な単調増加数列は収束する
    （下に有界な単調減少数列は収束する）
  ○ ボルツァノ-ワイエルストラスの定理．
    有界な無限部分集合は集積点をもつ
  ○ ハイネ-ボレルの被覆定理
    閉区間が開区間族で覆うてあれば，そのうちの適当な有限個を選んで覆うことができる．

これらは，いずれも，デデキントの公理と同値なことが知られている．余裕のあるときでよいから証明してみること．しかし，当分は，証明を気にせずに前へ進んでも困らない．チップを気にしない旅，おみやげ物を気にしないで済む旅を楽しむように，証明なしで数学を学ぶことが，時には許されてよい」

4. 関数の極限値

微分法のはじめに現れる重要な定理は平均値の定理である．この定理を証明するにはロールの定理を使う．ところが，そのロールの定理をみると微分可能と同時に関数の連続に関係があり，閉区間で連続な関数は最大値と最小値をもつという最大値・最小値の定理が用いられる．ということは，関数の連続という概念が必要なことを物語る．

一方，関数では中間値の定理も応用が広い．

中間値の定理というのは

「関数 $f(x)$ が閉区間 $[a, b]$ で連続で，かつ $f(a) \neq f(b)$ ならば，$f(x)$ は a と b の間で，$f(a)$ と $f(b)$ の間の任意の値をとる」というものである．

この定理は高校でもしばしば用いるが，証明をしない．というよりは証明ができない．この証明は実数の連続性と深い関係があるが高校では，そのような予備知識にふれないからである．

とにかく，中間値の定理は関数の連続に関する定理である．

そこで，関数に連続の概念を導入する順番が回って来た．ところが関数の連続を定義するには，関数の極限値が必要である．

×　　　　　　　　　×

関数の極限値は，数列の極限値と同様にして定義される．

とにかく，高校の素朴な定義にもどってみよう．素朴で原始的な定義には不正確な点があるが，意外と本質を温存していることが多いものである．ピカソは幼児や未開人の絵にもどることによって，未来につながる新しい芸術を生み出した．原点回帰は，数学でも無視すべきでない．カントルの集合論は，幼児の物の数え方がもとになっている．

ここで取扱う関数は，実数に関するもので，ふつう実変数関数と呼んでいる．すべての実数の集合をRとすると，Rの部分集合XからRへの関数 f である．

このことを次のようにかくことについては，度々ふれた．

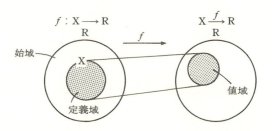

定義域は区間のことが多いが，一般的には区間とは限らない．区間の集合で示されることもあるし，バラバラな数の集合のこともある．したがって，数直線上に，一般的に表現しようとすると無理があるが，モデル的に見て，必要に応じ不完全さを補うことにすれば，十分図解の役目を果してくれる．

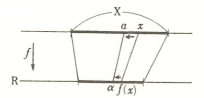

この関数 $f(x)$ で，x が一定の数 a に限りなく近づくとき，それに伴って $f(x)$ が一定の値 α に限りなく近づくならば，この α を，x が a に近づくときの $f(x)$ の**極限値**といい，このことを

$$x \to a \text{ のとき } f(x) \to \alpha$$

または

$$\lim_{x \to a} f(x) = \alpha$$

とかく．

この説明には，二三気になる点がある．というのは，関数の定義で，定義域や始域をやかましくいっておきながら，a と x の所属をはっきりさせていないからである．

x に対しては $f(x)$ を考えるのだから，x は当然 X に属する．では a はどうか．定義の中に $f(a)$ はないから，a は X に属する必要がない．したがって，a

はRの元であれば十分である．

$f(a)$ が定義されておるとは限らない．そこで x が a に等しい場合を許すかどうかは，a が定義域に属するかどうかによって判断する．

結局
$$a \in R, \quad x \in X$$
を追加するのが望ましい．

この高校の定義を，ε, δ-方式でいいかえてみよう．

── $f(x)$ の極限値の定義 ──

$a \in R$ のとき，任意の正数 ε に対して正数 δ を適当に選び，つねに
$$x \in X, \ |x-a|<\delta \ \text{ならば} \ |f(x)-\alpha|<\varepsilon$$
となるようにできるとき，

　　α を $x \to a$ のときの $f(x)$ の極限値

といい，それを

　　$x \to a$ のとき $f(x) \to \alpha$

または
$$\lim_{x \to a} f(x) = \alpha$$
とかく．

$a \in R$ は当然だから省略してよい．

α は $f(a)$ に一致するとは限らない．$a \in X$ ならば $f(a)$ は存在するが，$a \notin X$ ならば $f(a)$ は存在しない．かりに $a \in X$ であったとしても，α が $f(a)$ に等しいとは限らない．

これについては高校でいろいろの実例で学んだはずである．

たとえば
$$f(x) = \frac{x-1}{\sqrt{x}-1}$$
定義域は $X = \{x \mid 0 \leqq x < 1, 1 < x\}$ である．

$x=1$ のとき，$f(x)$ の値はないが，$x \to 1$ のときの $f(x)$ の極限値は存在し，それは 2 である．

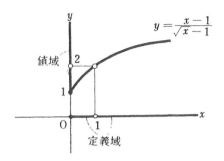

$$\lim_{x \to 1} \frac{x-1}{\sqrt{x}-1} = \lim_{x \to 1} (\sqrt{x}+1) = 2$$

5. 関数の極限値と近傍

ε, δ-方式は ε 近傍という概念を用いていいかえることもできた.

一定数 a に対して

$$|a-x| < \varepsilon$$

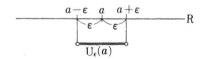

をみたすすべての x の集合は, 開区間

$$(a-\varepsilon, a+\varepsilon)$$

であって, これを点 a の ε 近傍といい, $U_\varepsilon(a)$ で表わした.

しかし, この記号は複雑で, 記号アレルギーの恐れがあるから, 混同のおそれがないときは, 必要に応じ U_ε, または U を用いてよい. そして, U と異なる近傍は U', V などで表わせばよい.

この近傍によって, 関数の極限値をいいかえてみる.

点 α の近傍 V に対して, 点 a の近傍 U を適当に選び, つねに

$$x \in X, \; x \in U \quad \text{ならば} \quad f(x) \in V \tag{①}$$

となるようにすることができるとき, $x \to a$ のときの $f(x)$ の極限値は α であるという.

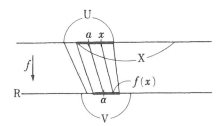

これを，さらに，集合的にかきかえることをくふうしておくのがよい．

①における $x \in X$, $x \in U$ は x がXとUの共通集合に属することであるから

$$x \in X \cap U$$

とかける．

そこで①を

$x \in X \cap U$　ならば　$f(x) \in V$　　　　　　　　　　　②

とかきかえる．

ところで $x \in X \cap U$ のときの $f(x)$ の集合というのは，$X \cap U$ の像であるから，x の像 $f(x)$ がVに属することは，$X \cap U$ の像 $f(X \cap U)$ がVに含まれることと同じである．

そこで②はさらに

$$f(X \cap U) \subset V \qquad\qquad ③$$

とかきかえられる．

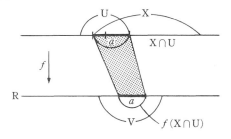

これは，さらに，f の逆対応 f^{-1} を用いて書きかえられる．すでに写像と集合のところでふれたように，一般に

$$f(A) \subset B \iff A \subset f^{-1}(B)$$

であったから，③は次と同値である．

$$X \cap U \subset f^{-1}(V) \qquad ④$$

だいぶ話がむずかしくなって来た．しかし近づくといった動的な表現が，集合を用いると以上のように，静的で，しかも簡単な式の表現にかえられること

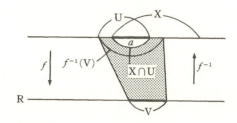

は興味深い．急にとはいうまい，おいおい，このような表現になれるようにしたいものである．

6. 関数の極限と数列の極限

$x \to a$ は直観的に疑問の余地がないようで，考え出すといろいろと不安がつきまとう．

x が a に限りなく近づくとはどういう意味か．x がスーッと a に近づく．常識的にはそんな感じだ．しかし，a の一方がわから近づけという制限はないのだから，a の前後からとびとびに近づく場合も考えられる．こうなるとスーッと近づくでは行詰る．

a の一方側からにせよ，両側からにせよ，とびとびに近づくことは，数列によって近づくことである．

だから，$x \to a$ は，せんじ詰めると，a に収束する任意の数列

$$x_1, x_2, \cdots, x_n, \cdots$$

にそうて，a に近づくことと同じである．

こう考えると，関数の極限と数列の極限とは兄弟同志に過ぎないことがわかり，次の定理に達する．

―― 関数の極限値と数列の極限値 ――――――――――――――――

$x \to a$ のとき $f(x)$ の極限値が α であることは，次の条件と同値である．

a に収束するすべての数列

$$x_1, x_2, \cdots\cdots \quad (x_n \neq a)$$

に関して，数列

$$f(x_1), f(x_2), \cdots\cdots$$

が α に収束する．ただし $x_n \in X$ である．

$\Rightarrow$ と $\Leftarrow$ に分けて証明する．$\Rightarrow$ の方はやさしい．$\Leftarrow$ の方は，ちょっとしたくふうが必要である．ε, δ-方式で考えよう．

〈$\Rightarrow$ の証明〉

$x \to a$ のときの $f(x)$ の極限値は α であるから，任意の正数 ε に対して，適当な正数 δ をとると，つねに

$x \in X, |x-a| < \delta$ ならば $|f(x) - \alpha| < \varepsilon$ ①

であった．

一方 $x_n \to a$ だから，正の数 δ に対して，適当な番号 N を選ぶことによって

$n > N$ のとき $x_n \in X, |x_n - a| < \delta$

となるようにできる．

x_n は ① の仮定をみたすから，結論もみたして $|f(x_n) - \alpha| < \varepsilon$ となる．

したがって

$n > N$ のとき $|f(x_n) - \alpha| < \varepsilon$

これは数列 $f(x_1), f(x_2), \cdots$ が α に収束することを意味する．

これで $\Rightarrow$ の証明が済んだ．

〈$\Leftarrow$ の証明〉

直接証明はむずかしいから，背理法によって間接に証明しよう．

証明することは

(仮定)	(結論)
a に収束するすべての数列 $\{x_n\}$ に関し，数列 $\{f(x_n)\}$ は α に収束する．	$x \to a$ のとき $f(x)$ の極限値は α である．

結論を否定すると，どうなるか．

結論は ε, δ-方式でかくと

「どんな正数 ε に対しても，適当な正数 δ を選ぶならば，

$\quad |x-a|<\delta$ をみたすすべての x に対して

$|f(x)-\alpha|<\varepsilon$

である．」

この否定は

「適当な正数 ε_0 に対しては，どんな正数 δ を選んでも

$\quad |x-a|<\delta$ をみたす適当な x に対し

$|f(x)-\alpha|<\varepsilon_0$

とはならない」

つまり

「$|x-a|<\delta$ をみたすが $|f(x)-\alpha|<\varepsilon_0$ はみたさない x が存在する」

したがって，証明は $|f(x)-\alpha|<\varepsilon_0$ をみたさない．すなわち

$$|f(x)-\alpha|\geqq \varepsilon_0$$

をみたす x の値 x_n を次々に選び出すことのくふうに帰する．

適当な正の数 ε_0 に対して，δ は任意だから，δ として

$$\frac{1}{n} \quad (n=1, 2, 3, \cdots)$$

を選ぶ．そうすると，$\dfrac{1}{n}$ に対し

$$|x-a|<\frac{1}{n} \text{ でかつ } |f(x)-\alpha|\geqq \varepsilon_0$$

となる x が存在するから，そのうちの1つを x_n とすると，数列 $\{x_n\}$ に対し

$$|x_n-a|<\frac{1}{n} \text{ でかつ } |f(x_n)-\alpha|\geqq \varepsilon_0$$

となる．

$n\to\infty$ とすると $\dfrac{1}{n}\to 0$

はあきらかであるが，

$$|f(x_n)-\alpha|\geqq \varepsilon_0$$

だから，数列 $\{f(x_n)\}$ は α に収束しない．

これは，a に収束するすべての数列 $\{x_n\}$ に関して，数列 $\{f(x_n)\}$ は α に収束するという仮定に矛盾する．

× ×

以上の証明を近傍を用いていいかえることは読者の研究として残しておこう．
　　　　　　　×　　　　　　　　　　×

以上によって，関数の極限値と数列の極限値とは，表裏一体の関係で結びついた．

この当然の結果として，関数の収束についても，数列の場合のコーシーの収束条件に対応するものの考えられることが予想されよう．

────コーシーの収束条件────────────────────

　$f: \mathrm{X} \to \mathrm{R}$ において，R の元 a と任意の正数 ε に対して，適当な正数 δ を選び
　　$x \in \mathrm{X}, |x-a| < \delta$ をみたす任意の x_1, x_2 について
　　　　$|f(x_1) - f(x_2)| < \varepsilon$
となるようにすることができるならば，$x \to a$ のとき $f(x)$ は極限値をもつ．

────────────────────────────────

これも，近傍を用いていいかえることは読者におまかせしよう．

● 7. 連続関数

関数の極限値を定義しておけば，関数の連続は簡単に定義できる．

集合 X から R への関数 f があるとする．

X の元を a とする．$x \to a$ のときの $f(x)$ の極限値が $f(a)$ に等しいならば，**$f(x)$ は a で連続である**という．

ε, δ-方式によっていいかえてみよう．

$f(x)$ が $a \in \mathrm{X}$ で連続であるとは，どんな正の数 ε に対しても，適当な正数 δ を選んで
　　$x \in \mathrm{X}, |x-a| < \delta \ \Rightarrow \ |f(x) - f(a)| < \varepsilon$

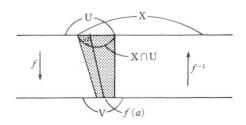

となるようにできることである．この場合には $a \in X$ だからつねに $x=a$ を許してよい．

これを近傍によって表わすことは，関数の極限値の場合とほとんど同じである．

点 $f(a)$ の ε 近傍 V に対して適当に選んだ点 a の δ 近傍を U とすると，
$$f(X \cap U) \subset V$$
または
$$X \cap U \subset f^{-1}(V)$$

X の点 a で $f(x)$ が連続であるとは，要するに，X の点 x が a からほんの僅か変化すれば，$f(x)$ も $f(a)$ からほんの僅か変化することである．

さらに見方をかえれば，a の近傍のうち X に属する部分は，関数 f によって $f(a)$ の近傍にうつることである．

問　2つの関数 $f:X \to R, g:X \to R$ が点 $a(\in X)$ で連続ならば，次の関数も点 a で連続であることを証明せよ．

(1)　$f(x)+g(x)$

(2)　k が定数のとき　$kf(x)$

区間における連続は高校で学んだのと変わらない．すなわち

X から R への関数 f が X で連続であるというのは，X のすべての点で連続のことである．

連続な関数には重要な中間値の定理がある．

―――中間値の定理―――

関数 $f(x)$ は閉区間 $[a,b]$ で連続で，しかも $f(a)=\alpha, f(b)=\beta$ が異なるならば，α, β の間の値 γ に対して
$$f(c)=\gamma$$
であるような c が開区間 (a,b) 内に少なくとも1つはある．

―――

次頁の図でみると，しごく当然な定理であるが，証明となると，ちょっと考えさせられる．

証明をやさしくするには
$$g(x)=f(x)-\gamma$$

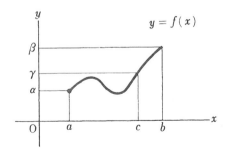

とおいて，$g(x)$ について考えるのがよい．なお，α と β は異なるから $\alpha<\beta$ としておく．この仮定をおいても，一般性は失われない．

この仮定のもとでは $\alpha<\gamma<\beta$

$\therefore\quad g(a)=f(a)-\gamma=\alpha-\gamma<0$

$\quad g(b)=f(b)-\gamma=\beta-\gamma>0$

証明することは
$$g(c)=0$$
をみたす c の存在である．

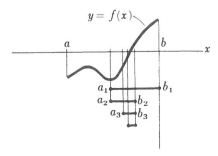

証明の要点は，$g(x)=0$ となる点を限りなくせまい区間に閉じこめるところにある．

それには，区間を2等分することを反復すればよい．

a, b の中点で $f\left(\dfrac{a+b}{2}\right)$ の符号をみる．もしこれが 0 ならば，$\dfrac{a+b}{2}$ は目的の c であるから問題ない．

もし $f\left(\dfrac{a+b}{2}\right)<0$ ならば，$\dfrac{a+b}{2}=a_1, b=b_1$ とおく．

もし $f\left(\dfrac{a+b}{2}\right)>0$ ならば，$a=a_1$, $\dfrac{a+b}{2}=b_1$ とおく．
そうすれば，どちらの場合にも
$$g(a_1)<0, \quad g(b_1)>0$$
次に閉区間 $[a_1, b_1]$ について同じことを試み，閉区間 $[a_2, b_2]$ を定める．
以下同様にして，閉区間の列
$$[a, b], \ [a_1, b_1], \ [a_2, b_2], \ \cdots$$
を作ることができる．

これは縮小閉区間列の条件をみたしているから，カントルの定理によって，すべての閉区間に共通な実数が1つ存在する．そこで，その実数を c とする．

この c に対して $g(c)=0$ となることを示せばよい．

しかし，それを直接導くのはむりだから背理法による．すなわち
$$g(c)\neq 0$$
とすると矛盾に達することを示そう．

$g(x)$ は c で連続だから，c の近傍 U を十分小さくとることによって，それに対応する $g(c)$ の近傍 V 内の数が $g(c)$ と同符号になるようにすることができる．

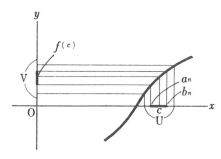

ところで，先の閉区間列の中には，近傍 U に含まれるものがあるから，それを $[a_n, b_n]$ とすると，$g(a_n), g(b_n)$ は $g(c)$ と同符号である．

これは $[a_n, b_n]$ の作り方から $f(a_n)<0, f(b_n)>0$ となることに矛盾する．

よって，$g(c)=0$, すなわち
$$f(c)=\gamma$$
をみたす c が存在する．

練習問題

1. 次の関数の不連続点を求めよ.
$$f(x)=x^2+\frac{x^2}{1+x^2}+\frac{x^2}{(1+x^2)^2}+\cdots$$
$$\cdots+\frac{x^2}{(1+x^2)^n}+\cdots$$

2. Rの部分集合XからRへの写像を f とする. 任意の正の数 ε に対して,適当な正数 δ を選んで
   $x\in X, |x-a|<\delta$ をみたすすべての x_1, x_2 について
   $$|f(x_1)-f(x_2)|<\varepsilon$$
   となるようにできるならば, $x\to a$ のとき $f(x)$ は極限値をもつ.(コーシーの収束条件) これを証明せよ.

3. 四角形 ABCD 内の点を O とする. O を通る直線 PQ の中に, この四角形の面積を2等分するものが必ずあることを証明せよ.

hint 1. $x=0$ のとき $f(0)=0$, $x\neq 0$ のとき初項 x^2, 公比 $\frac{1}{1+x^2}(<1)$ の無限等比級数, $f(x)=1+x^2$ $\lim_{x\to 0}f(x)=1\neq f(0)$ 　答　$x=0$ で不連続

2. a に収束する1つの数列 $\{x_r\}(x_r\in X,\ x_r\neq a)$ をとる. $x_r\to a$ であるから, 正数 δ に対して適当な番号 N を選ぶことによって
   $r>N$ ならば $|x_r-a|<\delta$
   となるようにできる. x_r の任意の2つの値を x_m, x_n とすれば
   $$|f(x_m)-f(x_n)|<\varepsilon$$
   数列の場合のコーシーの収束判定の定理によって $\{f(x_r)\}$ は収束する. その極限値を α とする. a に収束する他の数列 $\{y_r\}$ についても同様であるから, 数列 $\{f(y_r)\}$ は収束する. その極限値を β とする. $\alpha=\beta$ を説明すれば目的を達する.

3. Oから一定の半直線 OX をひく, PQ が OX となす角を θ とする. PQ によって2つに分けられた部分の面積を S_1, S_2 とすると, S_1-S_2 は θ の関数であるから
   $$f(\theta)=S_1-S_2$$

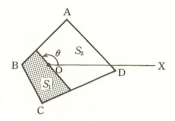

とおく．θ を π だけ増すと S_1 と S_2 の値は入れかわるから $f(\theta+\pi) = S_2 - S_1$, $f(\theta)$ は連続関数で，しかも $f(\theta)$ と $f(\theta+\pi)$ は異符号だから，θ と $\theta+\pi$ の間で $S(\theta) = 0$ となる θ が存在する．

第6章 距離のある空間

● 1. 距離とはなにか

　数学におけるもろもろの概念は，神の啓示のごとく，突如として，数学者の頭に生れたものではない．いろいろの具体例から帰納または類推によって生み出したもので，その当然の結果として，具体例よりは一般的である．一般的なものは抽象的で，高位の概念ということができよう．

　ある哲学者が，抽象即具体——抽象的であるほど具体的である——といった．この不可解な認識は形式的論理でみれば矛盾を含み，数学オンリーの頭では理解しにくいが，弁証的論理でみれば，一面の真理を深み，深い洞察といえる．

　これ，やさしくいえば，悟りを開いた人間は，人生相談もやれるということ，一芸に達すれば万芸に通ずのたとえのようでもある．

　もっと，平凡にいえば，ゴタゴタした東京の街も，東京タワーに上ってみれば，スカッとわかるだろうという意味である．

　具体的概念は適用範囲がせまいが，抽象的概念は適当範囲が広い．この事実を，端的に表現したのが，抽象即具体じゃないかと思う．

このよく当てはまる概念の1つが同値関係であろう．ものの一側面が等しいことを抽象化することによって同値の概念が生れた．
　2つの直線の同値関係である"平行"は，2つの直線の方向が等しいこととみられるし，整数における重要な同値関係である"3を法とする合同"は，2つの整数を3で割ったときの余りが等しいことである．
　この等しいを抽象して作った同値概念の定式化をふり返ってみよう．
　集合Gの元を x, y としたとき，x, y が関係Rをみたすことを $x\mathrm{R}y$ で表わす．この関係Rが，次の3つの条件をみたすとき，同値関係という．
　E_1　どんな元 x も，それ自身関係Rをみたす．すなわち，
　　　すべての x について $x\mathrm{R}x$ である．
　E_2　もし，x と y が関係Rをみたしておれば，y と x も関係Rをみたす．すなわち
　　　　$x\mathrm{R}y \Rightarrow y\mathrm{R}x$
　E_3　もし，x と y，y と z が関係Rをみたしておれば，必ず x と z も関係Rをみたす．すなわち
　　　　$x\mathrm{R}y,\ y\mathrm{R}z \Rightarrow x\mathrm{R}z$
　このように，同値関係を一度定めると，意外なものが，この概念の中に包含されることになって，数学を見通す千里眼の役目を果すというわけである．
　これによく似たことが距離でもおきる．
　距離とはなんぞや？　井戸端会議のような議論を千万べんくり返しても実りはうすい．井戸端会議は，向う3軒両隣りの親睦の実よりは，憎悪の種をまくことが多い．数学はこういう馬鹿げた無駄をやらない．
　とにかく具体例に帰り，どんな条件をみたしているかを探る．距離でわれわれにいちばん親しみのあるのは，ユークリッド空間の距離である．三角形の2辺の和は，残りの辺より大きい．このロバでも知ってる知識にもどるのである．
　もっとも，そんなわかり切ったことを，あれこれ詮索するのは，ロバ以下だと悪口をたたいた人がいないわけではない．いま思い出せないのが残念だが，ヨーロッパに1人いた．日本では，小説家の菊池寛の放言が有名である．彼いわく．
　「学校の数学はくだらん．とくに幾何が．さんざ苦しめられたが，役に立

たのは，三角形の2辺の和は残りの辺より大きいぐらいだ．ロバでも知っていることを証明してなにになる……」

まあ，こんなことを云ったように思う．これに反論して，ピシャリやっつけたのが小倉金之助であった．昭和10年代の話……いまは思い出になったが，似たような話題は，いまも消えずにくすぶっている．数学教育の根本にかかわりがあるからであろう……．

"三角形の2辺の和"は，実は，ロバでも知ってるからこそ重要なのだと，数学では考える．このアマノジャクのユーモアーを無視してはいけない．

2点 A, B の距離を $\overline{AB}$ で表わすと，ロバの知識は

$$\overline{AB}+\overline{BC}>\overline{AC}$$

とまとめられるが，Bが線分 AC 上にある場合も含めて，

$$\overline{AB}+\overline{BC}\geqq\overline{AC}$$

とかくことにしよう．

こんな式で表現することはロバにはできない．

「人間はえらいな．ヤッパリ．兵隊の位なら大将かな．大佐でないな．ヤッパリ」

ふつう，距離を負の数ではいわないから，

$$\overline{AB}>0$$

ここで，けちがつく．AとBが一致したらどうなんだ．それにまじめにつき合うのが数学で，そのときは距離が0になるとみることに異論がないから

$$\overline{AB}\geqq 0$$

と訂正．そして $\overline{AB}=0$ となるのは A=B のときだけと追加するのを忘れない．

まだある．AからBまでの距離とBからAまでの距離，坂道なら行きと帰りでは，実感としては等しくないが，数学は汗の量まで考えないことに割り切って

$$\overline{AB}=\overline{BA}$$

これで距離の性質が尽きたらしいから，まとめてみる．

D_1　どんな2点 A, B に対しても

$$\overline{AB}\geqq 0$$

$\overline{AB}=0$ となるのは A=B のときに限る．すなわち

$$\overline{AB}=0 \iff A=B$$
D₂ どんな 2 点 A, B に対しても
$$\overline{AB}=\overline{BA}$$
D₃ どんな 3 点 A, B, C に対しても
$$\overline{AB}+\overline{BC} \geq \overline{AC}$$

ここで数学は, 待ってましたとばかり開き直る.
「距離とはなんだ」
「距離とは, 上の 3 条件をみたすものだ」
　暴力団なみである. しかし, 暴力団が開き直るのは善良な市民にとって迷惑だが, 数学の開き直りは生産的で, 構造化した数学の内容と, ものごとを分析総合する思考的パターンの遺産を社会に贈る.

× 　　　　　　　　×

　子供が"生れれば"名前をつける. 新しい概念が生れたら呼び名を与えたいのは人情というもの. $\overline{AB}$ は AB のバーと呼ぶ. バーではパッとしない. 数学でよく用いる便利な名前は, a, b, c などの文字である.
　distance (距離) の頭文字をとり, d と名づけ, 2 点 A, B の距離を
$$d(A, B)$$
と表わす.
　この距離は非負の実数 (正数と 0 のこと) で, 2 つの点 A, B に対応して 1 つ定まるから 2 変数の関数である.
　この事実を, 集合から出発して, もっと明確にいいかえておくのが親切であろう.
　空集合でない集合 X があるとする. これを空間 X と呼び, この元は点と呼ぶ. 空間は大文字だから点は小文字を用い, 点 x, 点 a などと呼ぶことにする.
　空間 X の任意の 2 点 x, y に非負の実数を 1 つずつ対応させる関数 d を考え, これを**距離関数**と呼ぶことにする.
　そして
$$l=d(x, y)$$
のとき, 実数 l を 2 点 x, y の**距離**という.

これをもっと写像らしく書くには、直積を用いればよい。x, y は集合 X の元だから、順序対 (x, y) は直積 X×X の元とみることができる。

したがって d は、直積 X×X から非負の実数の集合（R′ で表わしておく）への関数とみられるから、簡単に

$$d : \text{X} \times \text{X} \longrightarrow \text{R}'$$

または

$$\text{X} \times \text{X} \xrightarrow{d} \text{R}'$$

と表わされる。

そして、この関数 d は、次の3つの条件をみたすと約束するのである。

D₁　どんな2点 x, y に対しても

$$d(x, y) \geqq 0$$

　　ただし　　$d(x, y) \iff x = y$

D₂　どんな2点 x, y に対しても

$$d(x, y) = d(y, x)$$

D₃　どんな3点 x, y, z に対しても

$$d(x, y) + d(y, z) \geqq d(x, z)$$

ここの最後の不等式は、"三角形の2辺の和は……" にあやかって**三角不等式**と呼ぶのが常識になっている。

距離を、一応、このように定義したとき、次に数学に課せられたつとめは、この定義が距離の定義として望ましいものかどうかの審判である。この審判はやさしくないが、経験によって、二、三のルールが確立されている。

もっとも手取り早いのは、この定義をみたす距離の実例を豊富に集めてみることである。その実例がわれわれの期待した距離にふさわしいなら、その定義は成功とみてよい。

とはいっても、予想外のものが入るのが常だから、評価をあせってもいけない。最終的には、数学にとって生産的かどうかを見なければならない。一時見捨てられたものが、あとで再評価されることもあろう。数学でも洞察力がものをいうのである。

先の距離の定義は、かなり長い風雪に耐えて来た。この講座では、それを信

頼して先へ進んだのでよい．

● 2. ユークリッド空間の距離

高校で導入した直角座標によると，ユークリッド平面上の点と2つの実数組 (x, y) とは1対1に対応する．

これを理論的に説明するのは見た目ほどやさしくない．それに，この講座の目標からもそれるから，ここでは，2つの実数の順序対

$$(x, y)$$

の集合，すなわち，直積

$$R \times R \quad (R^2 ともかく)$$

を考え，これを空間とみることから出発しよう．

空間 R^2 はこのままではユークリッド平面にならない．これをユークリッド平面らしくする最も簡単な道は距離の導入である．

では，どんな距離を導入すればよいか．その手がかりは，高校の数学から得られる．

高校の解析幾何をみると，2点 $(x_1, x_2), (y_1, y_2)$ の距離の公式は

$$\sqrt{(x_1-y_1)^2 + (x_2-y_2)^2}$$

である．

この公式を証明しようとすると，ピタゴラス定理が必要だから，初等幾何の力をかりねばならない．それでは先の方針に反する．それなら，一層三下り半をたたきつけて完全に縁を切ったらどうか，というわけで，先の式自身を距離の定義にきめてしまう道を選ぶことにする．

R^2 の任意の2点

$$x = (x_1, x_2), \quad y = (y_1, y_2)$$

に対して，距離関数として

$$d(x, y) = \sqrt{(x_1-y_1)^2 + (x_2-y_2)^2}$$

を選ぶことにきめる．

しかし，これが晴れて距離関数と呼ばれるためには，先の3条件をみたしていることの保証が必要であるが，その証明はやさしい．

D_1, D_2 は証明するまでもなかろう．

D_3 はコーシーの不等式から導かれる．高校で習ったことと思うが念のため証明してみる．

計算を簡単にするため
$$x_1-y_1=a_1, \quad x_2-y_2=a_2$$
$$y_1-z_1=b_1, \quad y_2-z_2=b_2$$
とおいてみると，
$$x_1-z_1=a_1+b_1, \quad x_2-z_2=a_2+b_2$$
と表わされるから，証明する三角不等式
$$d(x,y)+d(y,z)\geqq d(x,z)$$
は，
$$\sqrt{a_1^2+a_2^2}+\sqrt{b_1^2+b_2^2}\geqq\sqrt{(a_1+b_1)^2+(a_2+b_2)^2}$$
となる．

これを証明するには，両辺を平方して簡単化した
$$\sqrt{a_1^2+a_2^2}\sqrt{b_1^2+b_2^2}\geqq a_1b_1+a_2b_2 \qquad ①$$
を証明すればよい．

ところがコーシーの不等式によると
$$(a_1^2+a_2^2)(b_1^2+b_2^2)\geqq(a_1b_1+a_2b_2)^2$$
だから，かきかえると
$$\sqrt{a_1^2+a_2^2}\sqrt{b_1^2+b_2^2}\geqq|a_1b_1+a_2b_2|$$
これが成り立てば ① は当然成り立ち，証明されたことになる．

先の距離 $d(x,y)$ を空間 R^2 の**ユークリッド** (Euclid) **の距離**という．

ユークリッド平面というのは，空間 R^2 にユークリッドの距離を導入した空間のことである．

空間 R^2 に，ユークリッドの距離を導入するだけで，中学校以来苦労して学んだ初等平面幾何のもろもろの定理が導かれるとは不思議な気がするだろう．

この秘密は，実数の集合 R 自身が複雑な構造を内蔵することと，距離 $d(x,y)$ が式の初等的なのに似ず，強力なためである．

この空間の点は
$$x=(x_1, x_2)$$

であった．直線は方程式
$$ax_1+bx_2+c=0 \quad (a,b) \neq (0,0)$$
をみたす点 x の集合と定義すればよい．

そうすれば，
○ 異なる2点を通る直線は必ずただ1つである．
○ 異なる2直線は共有点を持つか，持たないかのいずれかである．共有点を持つとすれば，それはただ1つである．
○ 1点を通り，1直線に交わらない直線は必ずただ1つある．

などが，簡単な計算によって確められる．

また，ピタゴラスの定理が成り立つことは，高校とは逆に，距離の関数を用いて証明することになる．

×　　　　　×

ユークリッド平面 R^2 は**2次元ユークリッド空間**ともいう．

ユークリッド直線は，実数の集合Rの任意の2点
$$x=(x_1), \quad y=(x_2)$$
に，距離
$$d(x,y)=\sqrt{(x_1-x_2)^2}=|x_1-x_2|$$
を導入したもので**1次元ユークリッド空間**である．

➡注 $(x_1), (y_1)$ はふつう x_1, y_1 とかくから，$x=(x)$ は単に x とかいたのでよいが，ここでは2次元との比較を考慮して，こう表わしたに過ぎない．

1次元と2次元がわかれば，3次元をどのように定義すればよいかは，たやすく想像できよう．

一般に **n 次元ユークリッド空間** R^n というのは，空間 R^n の任意の2点
$$x=(x_1, x_2, \cdots, x_n)$$
$$y=(y_1, y_2, \cdots, y_n)$$
に距離
$$d(x,y) = \sqrt{(x_1-y_1)^2+(x_2-y_2)^2+\cdots+(x_n-y_n)^2}$$
を導入した空間のことである．

こんな長い式が現れると，うんざりする読者もおることと思うので，話題をもっとやさしい方向へそらそう．

3. いろいろな距離空間

一般に，空間 X があって，その任意の 2 点 x, y について，ある距離関数
$$d(x, y)$$
が定義されているとき，この空間を**距離空間**と呼んでいる．

距離関数 d は，距離の 3 条件 D_1, D_2, D_3 をみたす限りどんなものでもよいとすると，次にあげる実例のように，いろいろなものが現れる．

空間 X に距離関数 d_1 を導入して作った距離空間 X と，他の距離関数 d_2 を導入して作った距離空間 X とは異なる．そこで，これらの空間を区別するために，X と距離関数とを組にして考え

距離空間 (X, d_1)

距離空間 (X, d_2)

などの表わし方が用いられる．

このような表わし方は，現代数学の常識だから，毛嫌いしないで，積極的に利用する姿勢をとりたいものである．

d を略しても混乱のおそれがないときは，むりにつけなくてよい．必要以上に複雑な記号を用いるのも気障で，おとなげない．

さて，距離にはどんな例があるか．

実例 1　1 次元ユークリッド空間の距離関数 $d(x, y) = |x - y|$ の形をそのまま保って 2 次元空間 R^2 で，関数
$$d_1(x, y) = |x_1 - y_1| + |x_2 - y_2|$$
を選んだとすると，これは距離関数になるだろうか．

D_1 と D_2 はあきらか．

D_3 を証明してみる．

$\quad d_1(x, y) + d_1(y, z)$
$\quad\quad = \{|x_1 - y_1| + |x_2 - y_2|\} + \{|y_1 - z_1| + |y_2 - z_2|\}$
$\quad\quad = |x_1 - y_1| + |y_1 - z_1| + |x_2 - y_2| + |y_2 - z_2|$

$$\geq |x_1-y_1+y_1-z_1|+|x_2-y_2+y_2-z_2|$$
$$=|x_1-z_1|+|x_2-z_2|$$
$$=d_1(x,z)$$

これで d_1 は距離関数であることがわかった.

この距離は,座標平面上に図解してみると

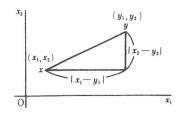

直角三角形の直角の2辺の長さの和である.

実例2 空間 R^2 で,関数
$$d_3(x,y)=\sqrt[3]{|x_1-y_1|^3+|x_2-y_2|^3}$$
を選ぶと,これも距離関数になる.

これをさらに一般化し, $p\geq 1$ のとき
$$d_p(x,y)=(|x_1-y_1|^p+|x_2-y_2|^p)^{\frac{1}{p}}$$
を考えると,これも距離関数であることを証明できる.

実例3 任意の集合 X に距離関数 $d(x,y)$ が定められてあるとすると, k を正の定数とするとき
$$kd(x,y)$$
もまた距離関数になることは,距離の3条件からたやすくわかることである.

したがって,空間 R^2 で
$$d(x,y)=\frac{1}{2}\sqrt{(x_1-y_1)^2+(x_2-y_2)^2}$$
は距離関数である.

また,
$$\frac{1}{2^p}d_p(x,y)=\left(\frac{|x_1-y_1|^p+|x_2-y_2|^p}{2}\right)^{\frac{1}{p}}$$
も距離関数である.

ここで $p \to \infty$ のときを考えると

$$\frac{1}{2^p} d_p(x, y) \longrightarrow \max\{|x_1-y_1|, |x_2-y_2|\}$$

となることが知られている．

そこで，新しく関数

$$d_\infty(x, y) = \max\{|x_1-y_1|, |x_2-y_2|\}$$

を考えてみると，これも距離関数になることが証明できる．

その証明は，読者の練習問題として残しておこう．

実例4 任意の空間Xで，任意の2点 x, y に対し，関数

$$d(x, y) = \begin{cases} 1 & (x \neq y) \\ 0 & (x = y) \end{cases}$$

を考えたとしたらどうか．

D_1, D_2 は問題ないから D_3 を検討する．

$$d(x, y) + d(y, z) \geq d(x, z)$$

$x = z$ のときは，右辺は0で，左辺は0か2だから，あきらかに成り立つ．

$x \neq z$ のとき，右辺は1．y は x, z のどちらかとは異なるから，左辺は1か2であり，このときも成り立つ．

こんなものも距離関数になるとは楽しい．楽しいだけで，役に立たないとあっては，数学は世間の物笑いになろう．だが安心して頂きたい．この距離には重要な応用がある．

　　　マルキレタスグオクレ

こんな電報を送ったとき

　　　マルオレタスグオクル

なんて先方に達したとする．このとき問題になるのは，どの字は正しく，どの字は間違ったかが，通信としては問題になるわけである．そこで2字が等しいときは0，等しくないときは1と定めると，1の数によって通信ミスが測定できる．この約束は，先の距離とおなじもの．

$d(マ, マ) = 0, \ d(ル, ル) = 0, \ d(キ, オ) = 1$

　　…………………

この奇妙な距離の考えは，コンピュータで，2進数のミス防止に実用化され

ている．

実例5　2次元のユークリッド空間 R^2 の距離
$$d_2(x, y) = \sqrt{(x_1-y_1)^2 + (x_2-y_2)^2}$$
は，1次元のユークリッド空間Rの距離 $d_1(x, y)$
$$d_1(x, y) = |x-y|$$
を用いて表わすと
$$d_2(x, y) = \sqrt{d_1(x_1, y_1)^2 + d_1(x_2, y_2)^2}$$
と表わされる．

→**注**　$d_1(x_1, y_1)^2$ は $(d_1(x_1, y_1))^2$ の（　）を略したものである．他も同様である．

この考えを一般化すると，2つの距離空間から，この直積空間に距離を導入するヒントが得られる．

2つの距離空間
$$(X_1, d_1), \quad (X_2, d_2)$$
があるとき，直積空間 $X_1 \times X_2$ の2つの点
$$x = (x_1, x_2)$$
$$y = (y_1, y_2)$$
に対して，関数
$$d(x, y) = \sqrt{d_1(x_1, y_1)^2 + d_1(x_2, y_2)^2}$$
を考えると，これも距離関数になるので，$X_1 \times X_2$ は距離空間になる．これを，もとの2つの距離空間の**直積距離空間**という．

2次元ユークリッド空間は，1次元ユークリッド空間の直積距離空間とみられる．

実例6　1つの距離関数 d から，新しい距離関数 d' を作る例として
$$d'(x, y) = \frac{d(x, y)}{1 + d(x, y)}$$
を挙げておこう．

$d(x, y)$ が有界でなくとも，$d'(x, y)$ は有界で1以上にならないのが特徴である．

まず，距離関数の条件をみたすかどうかを検討してみる．

d' が D_1, D_2 をみたすことは，d が D_1, D_2 をみたすことからすぐ導かれる．

D_3 はどうか.
$d(x,y)=a,\ d(y,z)=b,\ d(x,z)=c$ とおくと

$$d'(x,y)+d'(y,z)=\frac{a}{1+a}+\frac{b}{1+b}$$

$$d'(x,z)=\frac{c}{1+c}$$

ところが d は距離関数であったから

$$a+b\geqq c$$

一方関数 $f(x)=\dfrac{x}{1+x}\ (x\geqq 0)$ は増加関数だから

$$\frac{a+b}{1+a+b}\geqq\frac{c}{1+c}$$

したがって,もし

$$\frac{a}{1+a}+\frac{b}{1+b}\geqq\frac{a+b}{1+a+b}\quad (a,b\geqq 0)$$

が成り立つならば,目的を達する.

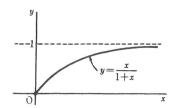

この不等式は,高数の問題集などにあるから,
「ハハァあれか」と思い出した読者がおるかと思う.証明はやさしいから読者
の研究として残しておく.

4. 等距離写像

1つの空間であっても,それにどんな距離関数を与えるかによって,異なる
距離空間が生れる.
しかも,距離関数の作り方は無数にあるので,距離空間も無数にできる.それ
をバラバラに研究していたのではたまらない.見かけはちがっても,内容とし
ては同じとか,大差ないとか,見分ける方法があれば,同じものはひっくるめ

て理論を展開できるはず．そこで距離の同値の概念がほしくなる．

とはいっても，この道は，云うほどやさしくない．距離に関連のあるどのような内容をかえるか，かえないかによって，つまり基準の選び方によって，距離は同じとも異なるとも見られるからである．

トポロジーでは，あとで出てくる位相写像が，距離の同値を見分ける上で重要なのだが，これに触れる準備はこれからの課題である．

ここでは，写像としてはかなりきびしい条件をもった等距離写像をとおして，距離関数を比較することにする．

高校で学んだ**合同変換**によって距離は変わらない．たとえば，平面上で，1点Oを中心とする回転によって，2点 A, B がそれぞれ A′, B′ へうつったとすると

$$\overline{A'B'} = \overline{AB}$$

このように任意の2点間の距離をかえない写像が，素朴な意味での等距離写像である．

これを，もう少し，拡張し，1つの距離空間 (X, d) から他の距離空間 (X', d') への写像で考えてみよう．

ここで，X と X′ は全く別の空間でよいし，d と d' も異なる距離関数でよい．

X から X′ への写像 f が，とくに単射で全射である場合を考えると，X と X′ の点は1対1に対応する．

$$f : X \longrightarrow X'$$

いま，この写像によってXの元 x, y にそれぞれ X′ の元 x', y' が対応したとする．このとき，x, y の距離 $d(x, y)$ と x', y' の距離 $d'(x', y')$ が等しいならば，f を**等距離写像**という．

つまり，等距離写像とはどんな x, y に対しても

$$d(x, y) = d'(x', y')$$

すなわち

$$d(x, y) = d'(f(x), f(y))$$

の成り立つ写像 f のことである．

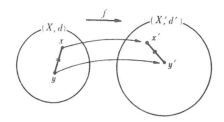

実例

このように等距離写像の意味を拡張すると，平面上の相似変換は，距離関数をチョットくふうすることによって等距離写像にかえられる．

たとえば，1つの平面 R^2 では，ユークリッドの距離関数

$$d(x, y) = \sqrt{(x_1-y_1)^2 + (x_2-y_2)^2} \qquad ①$$

を選び，もう1つの平面 R^2 では，距離関数として

$$d'(x, y) = \frac{1}{k} d(x, y) \qquad (k \text{ は正の定数})$$

を選んだとする．そして空間 (R^2, d) から空間 (R^2, d') への写像として，相似変換

$$f: x \longrightarrow kx \qquad ((x_1, x_2) \to (kx_1, kx_2))$$

を選んでみると

$$d'(kx, ky) = \frac{1}{k} d(kx, ky)$$

① の式によって $d(kx, ky) = kd(x, y)$ となるから

$$d'(kx, ky) = d(x, y)$$

相似変換 f は，等距離写像の条件をみたしている．

このようなとき，2つの空間 (R^2, d)，(R^2, d') は，写像 f のもとで同一視してよいわけで，2つの空間は等しいとみることがある．

● 5. 距離空間の部分集合

3次元空間上の点Aを中心とする半径 r の球面は高校流の書き方によると

$$AB = r$$

をみたす点Pの集合であって
$$\{P \mid \overline{AP}=r\}$$
と表わされる.

この考えは，そのまま，任意の距離空間へ拡張するのはやさしい．

距離空間 (X, d) において，a を定点，r を正の実数とするとき，a からの距離が r に等しい点 x の集合，すなわち
$$\{x \mid d(a,x)=r\}$$
を，点 a を中心とする半径 r の**球面**（または**球**）ということとする．

X が R^3 で，d がユークリッドの距離関数ならば，上の球は，われわれの日頃見ている球であるが，一般には意外なものが現れる．

2次元ユークリッド空間の場合の球というのは，われわれが，いままで円（または円周）と呼んできたものと同じであるし，1次元ユークリッド空間の場合の球は，2つの点に過ぎない．

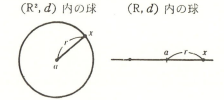

(R^2, d) 内の球　(R, d) 内の球

球の内部の考えも，そのまま拡張できる．

点 a からの距離が r より小さい点 x の集合，すなわち
$$\{x \mid d(a,x)<r\}$$
を，a を中心とする半径 r の球の内部，または**開球体**という．

球面と球の内部を合わせたもの，すなわち
$$\{x \mid d(a,x) \leq r\}$$
は，**球体**と呼ぶ．

中心 a, 半径 r の球面，球体，開球体は，それぞれ
$$S(a;r), \quad B(a;r), \quad V(a;r)$$
と表わしたり
$$S_r(a), \quad B_r(a), \quad V_r(a)$$

と表わすことが多い.

実例1 空間 R^2 で,距離関数として
$$d_1(x, y) = |x_1 - y_1| + |x_2 - y_2|$$
を選ぶと,球はどんな図形になるだろうか.

簡単な場合として,原点Oを中心とする半径1の球の図をかいてみる.

この球の方程式は
$$d_1(0, x) = 1$$
$x = (x_1, x_2)$ とおくと
$$|0 - x_1| + |0 - x_2| = 1$$
$$|x_1| + |x_2| = 1$$

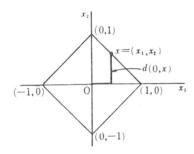

このグラフは図のような正方形で,ちっとも円らしくないが,閉じた線であること,その内部にOがあることなど似た点がある.さらにどんな点が似ているかを探るのがトポロジーの1つのねらいになる.

実例2 空間 R^2 で,距離関数として
$$d_\infty(x, y) = \max\{|x_1 - y_1|, |x_2 - y_2|\}$$
を選んだとすると,球はどんな図形になるだろうか.

この場合も原点Oを中心とする半径1の球の図をかいてみる.

球上の任意の点を $x = (x_1, x_2)$ とすると $d_\infty(0, x) = 1$ から
$$\max\{|x_1|, |x_2|\} = 1$$

次のグラフをかくのは,$|x_1| \geq |x_2|$ のときと,$|x_1| < |x_2|$ のときの2つに分ければやさしい.

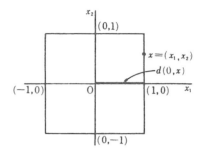

● 6. 部分集合の直径と距離

実数の集合 R の部分集合 A が有界であることは，A の任意の元を x としたとき

$$L \leq x \leq G$$

をみたすような L, G が存在することであった．

この場合 $\dfrac{G+L}{2}=a$, $\dfrac{G-L}{2}=r$ とおくと $G=a+r, L=a-r$ だから

$$a-r \leq x \leq a+r$$
$$|x-a| \leq r$$
$$d(x,a) \leq r$$

この式は点 x が球体 $B(a, r)$ に属することを表わすから

$$x \in A \Rightarrow x \in B(a, r)$$

すなわち

$$A \subset B(a, r)$$

ここまで形をかえれば，有界の定義を一般の距離空間 (X, d) へ拡張する道が開ける．

この空間の部分集合 $A (\neq \phi)$ が有界であることは，それを含む球体 $B(a, r)$ が存在することと定義すればよいからである．

すなわち

Aは有界 $\iff$ $A \subset B(a, r)$ なる B が存在

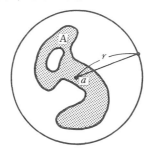

上の図は2次元ユークリッド空間の場合である．集合 R^2 であっても，距離関数が異なれば，球体も異なることを先に知った．

たとえば空間 R^2 に距離関数
$$d_1(x, y) = |x_1 - y_1| + |x_2 - y_2|$$
を導入した場合は，球体は正方形であったから，上の図は次のようにかわる．

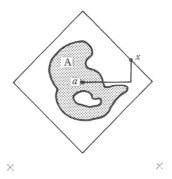

平面上で楕円の周および内部からなる部分集合 A を考える．

この中の2点を P, Q とすると，$\overline{PQ}$ には最大のものがあって，それは P, Q が長軸の端 R, S に一致した場合である．

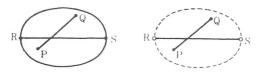

部分集合 A が楕円の内部だけで周上を含まないとすると，R, S は A に属さな

いから，$\overline{RS}$ を $\overline{PQ}$ の最大値とはいえない．

この2つの場合を統合するに都合のよい概念が上限（sup）であった．すなわち

$$\overline{RS} = \sup\{\overline{PQ} \text{ の集合}\}$$

この $\overline{RS}$ を集合Aの直径と呼ぶにふさわしいものである．

この考えは，このまま一般の距離空間 (X, d) に拡張することができる．

この部分集合をAとする．Aの任意の2点を x, y とするとき，距離 $d(x, y)$ の集合の上限をAの**直径**といい，$\delta(A)$ で表わす．

すなわち
$$\delta(A) = \sup\{d(x, y) \mid x, y \in A\}$$

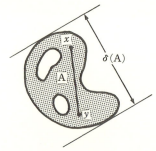

Aが有界ならば $\delta(A)$ が存在することは常識として想像できるが，念のため証明してみよう．

Aが有界ならばAを含む球体 $B(a, r)$ があった．

Aの任意の2点を x, y とすると，三角不等式によって
$$0 \leq d(x, y) \leq d(x, a) + d(a, y)$$
$$= d(x, a) + d(y, a)$$
$$\leq r + r = 2r$$

これは，$d(x, y)$ の集合が有界であることを示す．有界な集合には上限があった．その上限がAの直径なのだから，Aには直径が存在する．

逆にAに直径が存在すればAが有界であることの証明はやさしいから，読者の練習とし

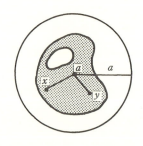

て残しておこう．

以上から，有界でない集合Aには直径の存在しないこと，およびこの逆の成り立つことが導かれる．

Aの直径が存在しないことを $\delta(A)=\infty$ とかくことにすると，この記号はAが有界でないことの表現にもなる．

×   ×

次に2つの集合の距離の概念を作ってみよう．

平面上に出会わない2つの円 O, O′ があるとし，これらの周と内部からなる集合をそれぞれ A, B としよう．

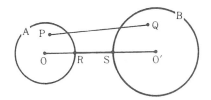

A, B 内にそれぞれ点 P, Q をとってみると，初等幾何の知識によって
$$\overline{PQ} \geqq \overline{RS}$$
が導かれる．したがって $\overline{PQ}$ の最小値は $\overline{RS}$ である．

集合 A, B が円の内部を含まないときは，R, S は A, B に属さないから，$\overline{RS}$ は最小値ではない．

この2つの場合を統合するため都合のよい概念に下限 (inf) があった．
$$\overline{RS} = \inf\{\overline{PQ} \text{ の集合}\}$$
この $\overline{RS}$ は2つの集合 A, B の距離と呼ぶにふさわしいものである．そこで，この概念の一般化を試みる．

距離空間 (R, d) の2つの部分集合を A, B $(\neq \phi)$ とする．A, B の任意の点をそれぞれ x, y とするとき，距離 $d(x, y)$ の集合の下限を**集合 A, B の距離**といい，$d(A, B)$ で表わす．

すなわち

$$d(A, B) = \inf\{d(x, y) \mid x \in A, y \in B\}$$

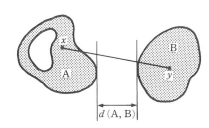

この定義からただちに
(i) $d(A, B) = d(B, A)$
(ii) $A \cap B \neq \phi \Rightarrow d(A, B) = 0$
が導かれる．

ここで(ii)の逆は成り立たない．たとえば2つの区間 $[2, 5), (5, 9]$ には共通な実数がないが，この距離は0である．

2つの集合のうち，とくに一方が1つの点 x から成る集合 $\{x\}$ の場合は，$\{x\}$ と集合Aとの距離を，点 x と集合Aとの距離といい，$d(x, A)$ で表わす．
すなわち
$$d(x, A) = d(\{x\}, A)$$

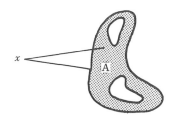

● 練 習 問 題 ●

1. 3次元ユークリッド空間 R^3 の2点
$$x = (x_1, x_2, x_3), \quad y = (y_1, y_2, y_3)$$
の距離
$$d(x, y) = \sqrt{(x_1 - y_1)^2 + (x_2 - y_2)^2 + (x_3 - y_3)^2}$$
は，距離の3条件 D_1, D_2, D_3 をみたすことを証明せよ．

2. 空間 R^2 の2点
$$x = (x_1, x_2), \quad y = (y_1, y_2)$$
に対して，関数
$$d_\infty(x, y) = \max\{|x_1 - y_1|, |x_2 - y_2|\}$$

を考えると，これは距離関数になることを証明せよ．

3. 空間 R^2 で
$$d_\infty(x,y) \leq d_2(x,y) \leq d_1(x,y)$$
であることを証明せよ．

4. $a, b \geq 0$ のとき，次の不等式を証明せよ．
$$\frac{a}{1+a} + \frac{b}{1+b} \geq \frac{a+b}{1+a+b}$$

5. 距離空間 (X, d) の部分集合 A に直径 $\delta(A)$ が存在するとき，A は有界であることを証明せよ．

6. 距離空間 (X, d) の 2 つの空でない部分集合を A, B とし，X の任意の 2 点を x, y とするとき，次のことを証明せよ．
   (1) $A \cap B \neq \phi \Rightarrow \delta(A \cup B) \leq \delta(A) + \delta(B)$
   (2) $|d(x, A) - d(y, A)| \leq d(x, y)$
   (3) $\delta(A \cup B) \leq d(A, B) + \delta(A) + \delta(B)$

hint

1. D_1, D_2 はあきらかだから D_3 を証明すればよい．
   $x_1 - y_1 = a_1,\ x_2 - y_2 = a_2,\ x_3 - y_3 = a_3\ \ y_1 - z_1 = b_1,\ y_2 - z_2 = b_2,\ y_3 - z_3 = b_3$ とおくと $x_1 - z_1 = a_1 + b_1$ などとなる．証明する式の両辺を平方すると
   $$\sqrt{a_1^2 + a_2^2 + a_3^2}\ \sqrt{b_1^2 + b_2^2 + b_3^2} \geq a_1 b_1 + a_2 b_2 + a_3 b_3$$
   コーシーの不等式を用いる．

2. D_3 を証明すれば十分．前問と同様の置きかえを行うと
   $$d_\infty(x, y) = \max\{|a_1|, |a_2|\} \geq |a_1|, |a_2|$$
   $$d_\infty(y, z) = \max\{|b_1|, |b_2|\} \geq |b_1|, |b_2|$$
   $$\therefore\ d_\infty(x,y) + d_\infty(y,z) \geq |a_1| + |b_1|, |a_2| + |b_2|$$
   $$\geq |a_1 + b_1|, |a_2 + b_2|$$

3. 証明することは
   $$\max\{|a|, |b|\} \leq \sqrt{a^2 + b^2} \leq |a| + |b|$$
   に帰する．

4. $\dfrac{a+b}{1+a+b} - \dfrac{b}{1+b} = \dfrac{a}{1+a+2b+ab+b^2}$

$\qquad\qquad\qquad \leq \dfrac{a}{1+a}$

5. 直径を k, $X \ni x, a$ とすると

$\qquad d(x, a) \leq k \quad \therefore \quad A \subset B(a, k)$

6. (1) $x, y \in A \cup B$ とすると, x, y がともにAに属するとき

$\qquad d(x, y) \leq \delta(A) \leq \delta(A) + \delta(B)$

x, y がともにBに属するときも同様.

$x \in A, y \in B$ のときは, $A \cap B \neq \phi$ だから $A \cap B$ に属する1つの元 z をとると

$\qquad d(x, y) \leq d(x, z) + d(y, z)$

$\qquad\qquad \leq \delta(A) + \delta(B)$

(2) Aの任意の元を a とすると

$\qquad d(x, A) - d(x, y) \leq d(x, a) - d(x, y)$

$\qquad\qquad\qquad \leq d(y, a)$

$\therefore\quad d(x, A) - d(y, A) \leq d(x, y)$

同様にして

$\qquad d(y, A) - d(x, A) \leq d(x, y)$

この2式を合わせて考えよ.

(3) $a \in A, b \in B$ とすれば (1) によって

$\qquad \delta(A \cup B) \leq \delta(A) + \delta(\{a\} \cup B)$

$\qquad\qquad \leq \delta(A) + \delta(\{a\} \cup \{b\}) + \delta(B)$

$\therefore\quad \delta(A \cup B) \leq d(a, b) + \delta(A) + \delta(B)$

$\qquad\qquad \leq d(A, B) + \delta(A) + \delta(B)$

第7章 点の個性を位相的にみる

● 1. トポロジーのねらい

　トポロジーの目標は一言でいえば近さの概念の究明にある．

　近いの反対語は遠いである．遠近ときけば距離を連想するのが常識．遠近は距離の大小で比較するからである．われわれが目下のところの距離のある空間，すなわち，距離空間を取扱っているのは，そのためである．

　しかし，トポロジーの目ざす近さの本質は距離には無縁な近さなのである．

「距離に無縁な近さだって？　そんな馬鹿な！」

　こう考えるのが常識．いや，この方が庶民としては健全なアタマかもしれない．数学は庶民のアタマを乗り越え，ときには無視してつっ走るが，目的を達すれば，やがて庶民に帰ってくる．ふるさとをとび出した若者が，功成り，名とげて，なつかしいふるさとに帰るように．

「距離に無縁な近さとは，一体どんな近さか．正体をみせてくれ」

　もっともな願望である．これに完全に答えるには，トポロジー空間を距離なしで公理的に構成することを待たねばならないが，およその見当をつけること

ならば，いまでもできる．いや，およその見当がついているからこそ，それを究明しようとする目標が立つわけなのである．

2つの点が5cm離れていることも，5km離れていることも，一定の距離だけ離れてることは同じである．トポロジーでは，このような離れ方を区別しない．トポロジーの目指す近さは，限りなく近い近さである．

限りなく近いときけば，無限数列の極限を連想するだろう．トポロジーの目指す近さがここにかくされている．

たとえば，無限数列

$$\frac{1}{2},\ \frac{2}{3},\ \frac{3}{4},\ \frac{4}{5},\ \cdots\cdots$$

の極限をみよ．項が先へゆくにつれて限りなく1に近づく．この近づき方には，距離では測りがたい近さがかくされている．

この事実は，トポロジー空間の素朴なモデルとして，よく挙げられるゴムの細いひもで考えてみると，実感を一層深めるだろう．

はじめにゴムひもを数直線とみて，$\frac{1}{2},\ \frac{2}{3},\ \frac{3}{4},\ \cdots$ を目盛る．

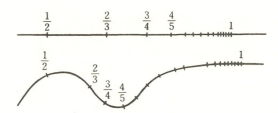

このひものあるところは伸し，あるところは縮めるというように変形させることは，トポロジカルな変換の素朴なモデルとみられる．

さて，この変換によって，点の配列はどう変わるだろうか．点 $\frac{1}{2},\ \frac{2}{3},\ \frac{3}{4},\ \frac{4}{5}$ などのへだたりは自由自在にかえられる．しかし，1の附近は，どんなに引きのばしてみたところで，1の手前に，限りなく近く，点が存在することを変えることはできない．

ゴムひものように，自由自在に伸縮できる空間では，距離は意味を持たない．それなのに，限りなく近いという近さの概念だけは，不死身のごとく，強靱に生き残って，自己の存在を誇示しているようである．

このような不死身の近さが，点列の極限によってとられることは容易に想像できよう．

ところで，実数の集合で，点列の極限は，近傍の概念でとらえられることを見て来た．この事実に目をつけることは，極めて重要で，不死身の近さを，究明する第2の手段として，われわれは近傍を持つことになるからである．

空間における点の個性を，点列の極限でとらえることと，近傍でとらえることとは，本質においてそう違わない．したがって，どちらから話をはじめても同じ目標に近づく．

「距離に縁のうすい近さを究明するのに，なぜ，距離空間から入ったか」

答えは簡単である．その方が常識的で考えやすいからである．しかし，目標は距離抜きの近さにあるから，距離を用いながら，次第に距離を抜く方向へ進むのだという意識は心のすみに温存しておくことになろう．

● 2. 距離空間の近傍

点列の極限はあとまわし，近傍を頼りとして，近さの概念へせまることにしよう．

実数の集合Rにおいて，点 a の近傍というのは，ε を正の数とするとき，開区間
$$(a-\varepsilon,\ a+\varepsilon)$$
のことであった．

かきかえると
$$|x-a|<\varepsilon$$
をみたす点 x の集合．

ここで $|x-a|$ は2点 a, x との距離だから $d(a, x)$ で表わせば
$$d(a, x)<\varepsilon$$
をみたす点 x の集合となる．

ここまでくれば，近傍の概念を，任意の距離空間へ拡張する手がかりをつかんだことになる．

距離 d の定義されている空間 X は

$$(X, d)$$

で表わす約束であった．

そこで，一般に，距離空間 (X, d) において，この空間内の点を a とするとき，a からの距離が正の数 ε より小さい点 x の集合，すなわち

$$d(a, x) < \varepsilon$$

をみたす点 x の集合を点 a の **ε 近傍**といい，$U(a;\varepsilon)$ で表わすことにする．

集合の記号でかけば

$$U(a;\varepsilon) = \{x \mid d(a, x) < \varepsilon\}$$

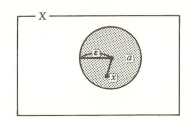

この近傍は，2次元ユークリッド空間でみれば，a を中心とする半径 ε の円の内部である．3次元ユークリッド空間では，点 a を中心とする半径 ε の球の内部である．

一般には，拡張した球体の内部の点集合を表わす．名は球でも，距離が変われば，球らしくないものが現われることについては，すでに前号で説明した．

×   ×

この近傍を利用するには，その基本的性質をあきらかにしておくのがよい．

(1) a の近傍は a を含む．
$$a \in U(a;\varepsilon)$$
(2) ε が ε' より小さいとき，a の ε 近傍は a の ε' 近傍に含まれる．
$\varepsilon < \varepsilon'$ のとき $U(a;\varepsilon) \subset U(a;\varepsilon')$
(3) a の近傍内の1点を b とすると，b の近傍の中に，a の近傍に含まれるものがある．

(1) と (2) は自明に近い．(3) の証明もたいしたことはないが，念のためあ

げてみる.

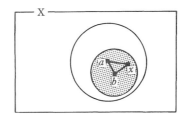

a のはじめの近傍を $U(a;\varepsilon)$ とすると，(3)を証明するには
$$U(b;\delta) \subset U(a;\varepsilon)$$
をみたす正の数 δ が求められることをいえばよい．

それには，$U(b;\delta)$ の任意の点を x とするとき，x が $U(a;\varepsilon)$ に属するように δ を選びうることを示せばよい．すなわち
$$d(b,x) < \delta \Rightarrow d(a,x) < \varepsilon$$
となるように δ を選んでみればよい．

距離の三角公式によると
$$d(a,x) \leqq d(a,b) + d(b,x)$$
だから
$$d(a,b) + d(b,x) < \varepsilon$$
すなわち
$$d(b,x) < \varepsilon - d(a,b)$$
となればよい．

それには，$\delta < \varepsilon - d(a,b)$ をみたす正の数 δ をとればよい．

以上を逆にたどることによって，δ は条件に合うことをあきらかにすることは，読者におまかせしよう．

×　　　　　　　　×

近傍が球内部というように形がきまっていてはどうもおもしろくない．もうちょっと自由な部分集合をとれないものか．

それが実は簡単にできるのである．点 a の近傍は要するに，a に限りなく近い点をすべて含むことをみたせばよいのだから，ある ε 近傍を含むような部分

集合をとればよいのである．

すなわち，距離空間 (X, d) の点 a において，a のある ε 近傍をふくむ部分集合 U を点 a の近傍ということにすると，それは ε 近傍と似た性質をもつものである．

これについては，練習問題の 1 をみて頂くことにして，先を急ぐ．

● 3. 点の近傍による分類

空間の点は，1 つ 1 つを他から切り離してみれば等しいもので，空間の均一性を保証している．

しかし，この点を，他の点との相互関係でみれば，いろいろの個性をもつことになる．トポロジーは近さの概念の究明にあったから，点の個性は，その近傍のあり方によってとらえるのが自然なわけである．

距離空間 (X, d) に部分集合 E があれば，X の点 a は，a の近傍に E の点がどのように分布するかによって，分類することができる．

内点

X の点 a の近くの点が E の点ばかりであるとき，もっと正確にいうと，点 a の ε 近傍から十分小さなものをとると，その近傍が E に含まれるとき，点 a を E の**内点**という．

すなわち

$$\text{適当な ε をとれば} \quad U(a; ε) \subset E$$

となるとき，点 a を E の内点というのである．

この定義から，a は E の点でなければならない．しかし，E の点がすべて内点になるとは限らない．

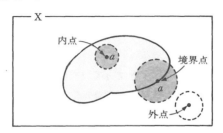

たとえば，R において開区間 (p, q) の点はすべて，内点になるが，閉区間 $[p, q]$ では，両端の点 p, q は内点にはならない．なぜかというに，p の ε 近傍

$$(p-\varepsilon,\ p+\varepsilon)$$

は，ε をどんなに小さくとっても，この中には区間外の点が必ず入り込むからである．

外点

内点の概念を，E の補集合 E^c にあてはめると，E^c の内点が定まる．

X の点 a の ε 近傍を適当にとるとき，その近傍が E^c に属するならば，点 a は E^c の内点である．

E^c の内点のことを E の**外点**という．

E の外点すなわち E^c の内点は E^c に属するから，E には属さない．

境界点

以上によって空間 X の点は 3 つに分離された．

$$\text{X の点} \begin{cases} \text{内点} \\ \text{外点} \\ \text{内点でも外点でもない点} \end{cases}$$

内点でも外点でもない点を**境界点**という．

境界点 a はその近傍でみると，a のどんな近くをとっても，E の点と E^c の点が存在する．すなわち

どんな正の数 ε に対しても

$$\begin{cases} U(a\,;\varepsilon) \cap E \neq \phi \\ U(a\,;\varepsilon) \cap E^c \neq \phi \end{cases}$$

以上によって，空間 X の点はその部分集合 E によって，内点，境界点，外点の 3 つに分類されることを知った．

E のすべての内点の集合を E の**内部**，E のすべての外点の集合を E の**外部**，E のすべての境界点の集合を E の**境界**といい，それぞれ E^i, E^e, E^f で表わす．

$$\text{Xの点} \begin{cases} \text{内 点} \cdots\cdots \text{内部 } E^i \\ \text{境界点} \cdots\cdots \text{境界 } E^f \\ \text{外 点} \cdots\cdots \text{外部 } E^e \end{cases}$$

これは完全な分類,すなわちクラス分けだから,3つのクラスを合併すればXになり,どの2つのクラスにも共通な点がない.

触点

Eの内点と境界点の概念を総括するとどうなるだろうか.

Xの点 a が内点または境界点であったとすると,a のどんな ε 近傍も,Eの点を含むことになる.すなわち

$$U(a;\varepsilon) \cap E \neq \phi$$

この条件をみたす点 a を,Eの**触点**という.すべての触点の集合をEの**閉包**または**触集合**といい,E^a(または $\bar{E}$)で表わす.

以上をまとめると

$$\text{Xの点} \begin{cases} \text{触点} \begin{cases} \text{内 点} \\ \text{境界点} \end{cases} \\ \text{外点} \end{cases}$$

さらに集合でみれば

$$X \begin{cases} E^a \text{(閉包)} \begin{cases} E^i \text{(内部)} \\ E^f \text{(境界)} \end{cases} \\ E^e \text{(外部)} \end{cases}$$

たとえば,1次元ユークリッド空間Rで,区間 [2, 5] の

内部は (2, 5),閉包は [2, 5]

外部は $(-\infty, 2) \cup (5, +\infty)$

境界は {2, 5}

である.

ある集合Eの補集合 E^c,内部 E^i,外部 E^e,境界 E^f,閉包 E^a を求めることは,Xのべき集合族でみると,写像とみることができるから,これらの写像をそれぞれ c, i, e, f, a で表わしてみる.

集合Eの外部は,Eの補集合の内部だから

$$E^e = E^{ci}$$

Eを略して，写像の合成関係のみを取り出せば

(4)　　　　　$e = ci$

Eの内部は，Eの補集合の閉包の補集合だから，

(5)　　　　　$i = cac$

これと $cc = 1$ (恒等写像) とから

(6)　　　　　$a = cic$

なお，集合Eの境界は，Eの補集合の境界でもあるから

(7)　　　　　$f = cf$

このほかに，重要なものとして

　　　　　$ii = i$,　　$aa = a$

がある．これらは一方を証明すれば，他は (5), (6) を用いて導くことができるから，$ii = i$ を証明してみよう．

$$(E^i)^i = E^i$$

$(E^i)^i \supset E^i$ の証明

これを示すには，E^i の任意の点を a とすると，a のある ε 近傍の点はすべて，E^i の点になることを示せばよい．

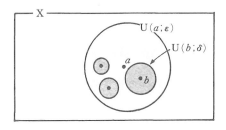

近傍 $U(a;\varepsilon)$ 内の任意の点を b とすると，b の近傍 $U(b;\delta)$ で $U(a;\varepsilon)$ にふくまれるものがあることは §2 の (3) であきらかにした．

　　$\therefore$　$U(b;\delta) \subset U(a;\varepsilon) \subset E$

　　　　$\therefore$　$b \in E^i$

すなわち $U(a,\varepsilon)$ に属する点はすべて E^i の点だから点 a は E^i の内部 $(E^i)^i$ に属する．

$(E^i)^i \subset E^i$ の証明

$(E^i)^i$ の任意の点を a とすると，a のある ε 近傍は E^i に属する．ところが E^i は E に含まれるのだから，その近傍は E に含まれる．したがって a は E^i に属する．

以上によって

(8)　　　　　　ii＝i

があきらかにされた．

これを用いると aa＝a が導かれる．(6) によると a＝cic だから

∴　aa＝(cic)(cic)＝ciic＝cic＝a

(9)　　　　　　**aa＝a**

4. 点の個性と集合との距離

ここで興味ある事実として，点 x の個性を，x と集合 E，または x と E^c との距離の方から眺めてみよう．

点 x が E の内点，外点，境界点，触点であることは，$d(x, E)$，$d(x, E^c)$ によってどう表わされるだろうか．

x が E の内点であると，x に十分近い近傍は E のみの点からなるのだから，その中には E^c の点が存在しない．したがって x と E^c の点 y の距離は ε より大きい．

$$d(x, y) > \varepsilon$$

∴　$d(x, E^c) = \sup d(x, y) \geqq \varepsilon > 0$

　　　$d(x, E^c) > 0$ 　　　　　　　　　　　　　　①

x が E の外点ならば，E^c の内点だから，上の式の E を E^c でおきかえることによって

　　　$d(x, E) > 0$ 　　　　　　　　　　　　　　②

E の外点でないのが，E の触点だから，点 x が E の**触点**であるための条件は ② の否定

　　　$d(x, E) = 0$

である．

Eの内点でも外点でもないのが境界点だから，点 x がEの境界点であるための条件は

　　　①の否定　かつ　②の否定

すなわち

　　　$d(x, E) = 0$ and $d(x, E^c) = 0$

以上の結果をまとめておく．

> 距離空間 (X, d) の点を x とするとき
> x がEの内点 $\iff d(x, E^c) > 0$
> x がEの外点 $\iff d(x, E) > 0$
> x がEの触点 $\iff d(x, E) = 0$
> x がEの境界点
> 　　　$\iff d(x, E) = 0$ and $d(x, E^c) = 0$

常識的ないい方をすれば，Eの内点はEの補集合から離れている点，Eの外点は集合Eから離れている点，Eの触点は，集合Eに属するか，またはEにぴったりとくっついた点，Eの境界点は集合Eにも，Eの補集合にもぴったりとくっついている点である．

5. 開 集 合

実数の集合Rでみると，開区間 (p, q) は内点のみの集合から成っているから，この区間と，その内部とは一致する．

このことを一般化し，距離空間 (X, d) の部分集合Eが内点のみから成っているとき，Eを**開集合**という．

開集合を慣用に従ってOで表わせば，部分集合Oが開集合であるための条件は $O \subset O^i$ と表わされる．しかし，つねに $O \supset O^i$ であったから $O \subset O^i$ は $O = O^i$ と同値である．

　　　Oは開集合 $\iff O \subset O^i \iff O = O^i$

特別な場合として，空集合には元がないから，その内部が定義できないが，i と a の関係 i=cac を空集合にあてはめてみると

　　　$\phi^i = \phi^{cac} = X^{ac}$

ところが $X^a = X$ だから $X^{ac} = X^c = \phi$ となるから
$$\phi^i = \phi$$
そこで，空集合の内部は，空集合自身であると定めることにする．
このように定めると，空集合は開集合になる．
開集合に関する次の性質は，基本的で，重要である．

距離空間 (X, d) において
O-1 X, ϕ は開集合である．
O-2 O_1, O_2 が開集合ならば $O_1 \cap O_2$ も開集合である．
O-3 O_1, O_2 が開集合ならば $O_1 \cup O_2$ も開集合である．

O-1 は自明に近い．
O-2 の証明
$O_1 \cap O_2$ に属する任意の元を x とすると，x は O_1 および O_2 に属する．
$$x \in O_1,\ O_1 = O_1{}^i \quad \text{から} \quad x \in O_1{}^i$$
したがって
$$\text{ある } \varepsilon_1 \text{ に対して} \quad U(x; \varepsilon_1) \subset O_1 \qquad \text{①}$$
$x \in O_2$ から，同様にして
$$\text{ある } \varepsilon_2 \text{ に対して} \quad U(x; \varepsilon_2) \subset O_2 \qquad \text{②}$$
そこで，$\varepsilon_1, \varepsilon_2$ より小さい正の数を ε とすると，$U(x; \varepsilon)$ は $U(x; \varepsilon_1)$，$U(x; \varepsilon_2)$ に含まれるから，$O_1 \cap O_2$ にも含まれることになるので，x は $O_1 \cap O_2$ の内点である．したがって
$$O_1 \cap O_2 \subset (O_1 \cap O_2)^i$$

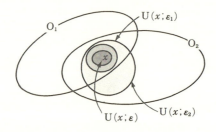

すなわち $O_1 \cap O_2$ は開集合である．

O-3 の証明

$O_1 \cup O_2$ に属する任意の元を x とすると，x は O_1 または O_2 に属する．
x がもし O_1 に属すれば，① が成り立つから

$$U(x;\varepsilon_1) \subset O_1 \cup O_2$$

ゆえに x は $O_1 \cup O_2$ の内点である．

x が O_2 に属したとしても同様であるから，$O_1 \cup O_2$ の点はすべて内点であり，したがってこの集合は開集合である．

×　　　　　×

O-2 は，n 個の集合の場合に拡張できる．すなわち $O_1, O_2, \cdots, O_n$ が開集合ならば

$$O_1 \cap O_2 \cap \cdots \cap O_n$$

も開集合である．

O-3 も，同様に n 個の場合に拡張できる．それのみか，任意の無限集合の場合に拡張できる．すなわち任意の開集合族があれば，それらの集合の合併もまた開集合である．

このことは，上の O-2 の証明からあきらかであるが念のため証明してみる．

開集合族の合併集合を $\cup O$ とする．

$\cup O$ に属する任意の元を x とすると，x は少くとも1つの開集合 O_k に属する．したがって，ある正の数 ε に対して

$$U(x;\varepsilon) \subset O_k \subset \cup O$$

ゆえに x は $\cup O$ の内点であり，$\cup O$ は開集合である．

→注　O-2 は，無限個の集合の場合に拡張することができない．たとえば，開区間

$$(-1, 1), \ \left(-1, \frac{1}{2}\right), \ \left(-1, \frac{1}{3}\right), \ \cdots$$

は開集合であるが，これらの共通集合は $(-1, 0]$ となって，開集合ではない．

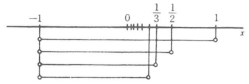

R において，開区間は開集合であるから，上の定理 O-3 の拡張によって，可

算個の開区間の合併

$$\bigcup_{k=1}^{\infty}(a_k, b_k)$$

は開集合である.

実はこの逆も成り立つのである.すなわちRにおける任意の開集合は,可算個の開区間の合併として表わされる.

しかし,この証明は,ここではまだできない.

● 6. 閉 集 合

実数の集合Rでみると,閉区間 $[p, q]$ の触点はすべてこの区間に属している.

このことを一般化し,距離空間Xの部分集合Eは,その触点をすべて含むとき,**閉集合**という.

閉集合は慣用にしたがってAで表わせば,Aが閉集合であるための条件は $A^a \subset A$ である.しかし,つねに $A^a \supset A$ となるから,$A^a \subset A$ は $A^a = A$ と同値である.

$$\text{Aは閉集合} \iff A \supset A^a \iff A = A^a$$

空集合の場合にも,閉包と内部の関係

$$a = cic$$

が成り立つとしてみると

$$\phi^a = \phi^{cic} = X^{ic} = X^c = \phi$$

となるので,空集合も閉集合の仲間にいれる.

Aが閉集合であることは,Aの補集合 A^c でみれば,A^c が開集合になることである.

なぜかというに

$$A = A^a \qquad\qquad ①$$

ならば,$\qquad A^c = A^{ac}$

ところが $ac = ci$ であったから

$$A^c = A^{ci} \qquad\qquad ②$$

この逆も成り立つから①と②は同値.①はAが閉集合であるための条件,②は A^c が開集合であるための条件だから

(10)　**Aは閉集合 $\iff$ A^c は開集合**

したがって，この性質を用いることによって，閉集合の性質は，開集合の性質から導かれることが予想されよう．

> 距離空間 (X, d) において
> A-1　X, ϕ は閉集合である．
> A-2　A_1, A_2 が閉集合ならば，$A_1 \cup A_2$ も閉集合である．
> A-3　A_1, A_2 が閉集合ならば，$A_1 \cap A_2$ も閉集合である．

さらに

A-2 の性質は n 個の閉集合の場合に拡張できる．すなわち $A_1, A_2, \cdots, A_n$ が閉集合ならば

$$A_1 \cup A_2 \cup \cdots \cup A_n$$

も閉集合である．

A-3 の性質は，n 個の閉集合の場合はもちろん，任意の無限個の閉集合の場合へ拡張できる．すなわち，閉集合族があるとき，その共通集合 $\cap A$ はつねに閉集合である．

A-1 は自明に近いから，A-2 と A-3 を証明してみる．証明には (10) を用い，A が閉集合であることは，A^c が開集合であることにかえてみればよい．

A-2 の証明

A_1, A_2 が閉集合ならば，$A_1{}^c, A_2{}^c$ は開集合だから，O-2 によって $A_1{}^c \cap A_2{}^c$ も開集合である．

ド・モルガンの法則によって

$$A_1{}^c \cap A_2{}^c = (A_1 \cup A_2)^c$$

$(A_1 \cup A_2)^c$ が開集合ならば $A_1 \cup A_2$ は閉集合である．

A-3 の証明

これは拡張した場合を証明しておく．

A が閉集合ならば，A^c は開集合．したがって O-3 によって $\cup A^c$ は開集合である．ところがド・モルガンの法則によって

$$\cup A^c = (\cap A)^c$$

であるから，$(\cap A)^c$ は開集合である．したがって $\cap A$ は閉集合である．

→**注1** A-2 を，無限個の集合の場合に拡張できないことは，O-2 の場合と同様である．たとえば，閉区間の列

$$\left[\frac{1}{2},1\right],\ \left[\frac{1}{3},1\right],\ \left[\frac{1}{4},1\right],\ \cdots$$

の合併集合は $(0,1]$ であって，閉集合ではない．

→**注2** 開集合と閉集合は，相双な概念であるが，反対概念(矛盾概念)ではない．開集合であると同時に，閉集合であるものが存在するからである．空間自身 X と空集合 ϕ はその一例であった．

このほかに離散空間の部分集合がある．たとえば整数の集合の部分集合はすべて，開集合であると同時に閉集合である．

● 7. 孤立点と集積点

X の部分集合を E，E の点を a とするとき，a の ε 近傍に，E の点は a 以外にないとき，点 a を E の**孤立点**という．

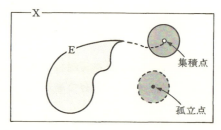

孤立点 a の ε 近傍には，E の点 a があるのだから，点 a は E の触点である．またこの近傍は，a 以外は E の補集合の点なのだから，点 a は境界点でもある．

実数の集合 R で，整数の点はすべて孤立点である．

×　　　　　　×

X の部分集合を E とするとき，X の点 a のどんな ε 近傍も，E の点を無限に多く含むとき，点 a を E の**集積点**という．

この定義で，点 a は E に属さなくてもよいことに注意されたい．

また，任意の ε 近傍が，E の点を無限に多く含むことは，点 a と異なる点を少くとも 1 つ含むとしても同じことである．このことについては，すでに実数の位相のときにふれた．

集積点ではその任意の近傍に E の点があるのだから，集積点は触点である．

Eの触点は，孤立点か集積点かのどちらかであって，触点はこの2種類に分類されるのである．

$$触点\begin{cases}孤立点\\集積点\end{cases}$$

このことから，Eが閉集合であるための条件は，Eの集積点がすべてEに属することであることが導かれる．

(11)　**Eは閉集合** $\iff$ **Eの集積点**$\in$**E**

念のため，このわけを説明しておこう．

Eが閉集合であることは

$$E^a \subset E$$

すなわち，Eの触点がすべてEに属することであった．ところが，触点は孤立点と集積点に分けられる．孤立点はEの点だから，触点がすべてEに属するためには，集積点がEに属すればよい．

● 8. 極 限 点

実数Rの数列

$$a_1, a_2, a_3, \cdots, a_n, \cdots$$

が，a に収束することは

$$\lim_{n\to\infty}|a-a_n|=0$$

と表わされた．

これを，一般の距離空間 (X, d) へ拡張するには，$|a-a_n|$ を a と a_n の距離 $d(a, a_n)$ に改めるだけでよい．

すなわち，距離空間 (X, d) における点列

$$a_1, a_2, \cdots, a_n, \cdots$$

が，Xの1点 a に**収束する**とは

$$\lim_{n\to\infty}d(a, a_n)=0$$

が成り立つことであると定める．

ε-方式によるならば，任意の正の数 ε に対して，適当な番号 N が選べて

$$n > N \Rightarrow d(a, a_n) < \varepsilon$$

となることである．

このことを

$$\lim_{n \to \infty} a_n = a$$

または

$$a_n \to a$$

などとかくことも，実数の場合と少しも変わらない．

また，a を点列 $\{a_n\}$ の**極限点**ということも実数のときと全く同じ．

そのほかに，部分点列についても，実数の場合と同じことが成り立つ．

×   ×

先に，点の個性を，その近傍によって分けたが，これらの個性は，Eの点列の収束によってみることもできる．

内点と点列の収束

点 a が集合Eの内点であるときは，a に収束するどんな点列 $\{a_n\}$ においても，十分先の方は，Eの点のみからなる．この逆もいえる．

よって a がEの内点であるための条件は，次のようにまとめられる．

a に収束する任意の点列 $\{a_n\}$ に対して，適当な番号 N を選ぶと

$$n > N \quad \text{ならば} \quad a_n \in E$$

が成り立つ．

触点と点列の収束

点 a がEの触点であれば，点 a のどんな近傍にもEの点が少くとも1つあるのだから，a の近傍

$$U(a, 1), \quad U\left(a, \frac{1}{2}\right), \quad U\left(a, \frac{1}{3}\right), \quad \cdots$$

から，1つずつEの点を選ぶことによって，点列

$$a_1, a_2, a_3, \cdots$$

を作ることができる．この点列が点 a に収束することはあきらかである．

この逆もいえる．

したがって，a が E の触点であるための条件は，点 a が，E に属するある点列の極限点になることである．

孤立点と点列の収束

点 a が E の孤立点ならば，a は E に属し，しかも，a は触点でもあるから，a に収束する E の点列 $\{a_n\}$ を作ることができる．a の十分小さい近傍には，E の点は a 以外にないのだから，点列の十分先の方は，すべて a に等しくなければならない．

この逆の成り立つこともあきらかである．

よって，点 a が E の孤立点であるための条件は，a に収束する E の点列 $\{a_n\}$ に対して，適当な番号 N を選べて

$$n > N \quad \text{ならば} \quad a_n = a$$

となることである．

集積点と点列の収束

これは集積点の定義から，容易に想像できよう．

点 a が E の集積点になるための条件は，点 a が集合 E の点列 $\{a_n\}$（ただし $a_n \neq a$）の極限点となることである．

◎ 練 習 問 題 ◎

1. 距離空間 (X, d) の部分集合 U が点 a の ε 近傍を含むとき，U を点 a の近傍ということにする．このとき，次のことを証明せよ．
   (1) X の点を a とする．点 a の近傍は a を含む．
   (2) U が a の近傍で，V が U を含むならば，V は a の近傍である．
   (3) U, V が a の近傍ならば U∩V は a の近傍である．
   (4) U が a の近傍のとき，a の近傍のうちから U に含まれるもの V を適当に選んで，V のすべての点 b の近傍に U が含まれるようにすることができる．
2. 距離空間 (X, d) の部分集合を E, F とするとき，次のことを証明せよ．
   (1) $E \subset F$ ならば $E^i \subset F^i$, $E^a \subset F^a$
   (2) $(E \cap F)^i = E^i \cap F^i$, $(E \cup F)^a = E^a \cup F^a$
3. 距離空間 (X, d) の部分集合を E とすると，E^i は，E に含まれる開集合のうち，最大のものであることを証明せよ．

第8章 位相写像とはなにか

● 1. 常識の究明

　極めて常識的話題から出発しよう．数学はもちろんのこと，一般に科学は常識を精密化したもので，体系をもつのは，精密化のための所産に過ぎない．

　われわれの当面の目標は，距離のある空間で，位相性と称する概念を精密化し，数学へ成長させるにある．

　では空間の位相性とはなにか．これは，あとであきらかにするように，位相変換によって変わらない空間の性質である．やさしくいえば，位相変換と呼ぶフルイによって空間の性質を振り分ける．そのとき，フルイにひっかかったのが位相性で，フルイからもれて落ちたのは位相性でないというわけである．

　とはいっても，位相変換をあきらかにするのでなければ，位相性もあきらかにはならない．常識的にみても，この2つの関係は，にわとりと卵の話に似て，どちらが先かわからない．どちらが先かきめようのないのを，まじめに考える愚を数学は笑う．数学は万事割り切るのが好きだからである．どちらが先ときめればよいだけの話じゃないか．サイコロでも振って，チョウかハンかできめ

りゃよいじゃないかというわけである．

　ユークリッド原本の幾何のように，初期の幾何はどちらかといえば，性質が先で，変換はあとから，枯木に花を添える形で，申訳に姿をみせる傾向にあった．変換がボチボチ表面に姿をみせはじめたのは射影幾何であろう．

　近世の幾何，とくにクライン以後の幾何は，変換が主役で，フルイの役割を，わがもの顔に振りまわしている感じである．これには，それなりの理由があろう．どちらかというと，

　　　　　　性質 ⟶ 変換

よりも，

　　　　　　変換 ⟶ 性質

の方が，理論の構成が楽で，結果もすっきりしたものになることが多いからである．それにその方がモダンな感じがするといった，心情や流行も無視できないだろう．

　　　　　　　　×　　　　　　　　　×

　さて，変換を先にすると割り切ったとしよう．位相変換とは何かに答えることが，最初の課題になる．常識に立ちもどって，さぐりを入れるのが，数学の学び方の常道——これが筆者の考えである．そうでもしないと数学者でなく，まして天才でもない，庶民としては浮かばれない．

　常識の精密化を棚上げした数学は，庶民には深遠で，浮かぶ瀬など見あたらないからである．

　位相変換の素朴なモデルとしては，伸び縮みの自由自在なゴム細工がよい．

　たとえば，うすいゴム板の上に，図をかいておく．これを一部分を伸ばし，一部分は縮めてみる．図はいろいろと形をかえる．自由自在といってよいほど．とはいっても無条件に自由でもなさそうである．

　というのは，次の2つの図形の性質は保存されるとみられるからである．
　○つながったところは，つながったままで，伸び縮みする．
　○離れているところは，離れたままで伸び縮みする．

　常識的には，これで，なるほどと納得できるが，知慧の実をかじった人間が，まてよと考え出すと，目の前に，壁というほどのものではないが，幕がたれさがって，気がかりであろう．

○つながっているとはどういうことか．
○離れているとはどういうことか．

離れているとは，つながっているの反対語とみてよいから，疑問の本質は，「つながっているとは何か」であるとみてよい．

常識的には疑問の余地のなさそうな「つながっている」は，考えてみると，さっぱり分らないことが分って，とほうにくれる．実数の連続性の究明で知らされた苦労が再現するからである．

素朴に考えると，つながっているとは，共通部分をもつことのように思われるが，掘り下げてみると，そう簡単ではない．

たとえば，2つの区間

$$[2,5] \quad と \quad (5,9]$$

は共通点をもたないから，常識的には離れている感じであろう．しかし，2つの区間の間にはいる実数がないから，つながっているとも見られそうである．

次に，2つの区間

$$[2,5) \quad と \quad (5,9]$$

ではどうか．5は2つの区間の間にはいり，しかも，どちらの区間にも属さないから，2つの区間は離れているとみられよう．しかし，点は大きさをもたないことを思うと，この考えもあやしくなる．

「つながっている」，「離れている」の究明は数学の深遠へ通じている．

2．連続な写像の再現

日常語の「つながっている」に当たる数学用語は連続と連結である．

われわれは，そのうちの連続をあきらかにする第一の手がかりとして，実数の連続性を知った．

距離は非負の実数であるから，距離空間で連続を取扱うとき，実数の連続性が役に立つ．

常識的にみて，連続性をかえない写像が連続写像であるから，この写像は連続をあきらかにする第2の手がかりになる．

一般に距離空間における連続写像へはいる前に，実変数の連続写像をふり

返ることにしよう..

　XをRの部分集合とするとき，

　　　XからRへの写像 f

がXの点 a で連続であるとは，どういうことであったか．

　Xの点 x, a に対応するRの元をそれぞれ y, b とする．

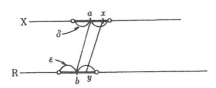

　f が点 a において連続であるというのは，任意の正の数 ε を与えられたとき，これに対応して適当な正の数 δ を選び，すべての x について

　　　$|x-a|<\delta$ ならば $|y-b|<\varepsilon$

となるようにできることであった．

　ここで $|x-a|$ は，空間Rにおける距離であるから，$d(a, x)$ で表わせば

　　　$d(a, x)<\delta$ ならば $d(b, y)<\varepsilon$

とかきかえられる．

　このようにかきかえてみると，一般の距離空間において1点の連続を定義する道がたやすく開ける．

　2つの距離空間 $(X, d), (X', d')$ において

　　　XからX'への写像 f

があるとき，Xの**点 a において f が連続である**ことは，次のように定義すればよい．

　Xの点 a, x に対応するX'の点をそれぞれ a', x' とする．

　正の数 ε が与えられたとき，これに対応して正の数 δ を適当に選び，すべての x について

　　　$d(a, x)<\delta$ ならば $d'(a', x')<\varepsilon$

となるようにできること．

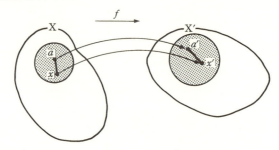

この定義は近傍を用いて，たやすくいいかえられる．

点 a' の ε 近傍 $U'(a', \varepsilon)$ に対して，点 a の適当な δ 近傍 $U(a, \delta)$ を選ぶことによって，

$f(U) \subset U'$ すなわち $U \subset f^{-1}(U')$

となるようにできること．

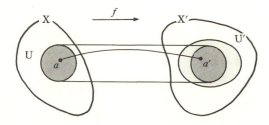

要するに写像

$f: X \longrightarrow X'$

が X の点 a で連続であるというのは，点 a の近傍は，X' の点 a' の近傍へ移ることである．

日常的表現をかりれば，点 a に十分近い点は点 a' の十分近くの点にうつるということ．もっとくわしくいえば，点 x を点 a に十分近く選ぶことによって，点 x' が点 a' に希望どうり近くなるようにできるということである．

×   ×

1点における連続を定義すれば，集合における連続の定義は問題ない．集合のすべての点で連続のこととすればよいからである．

写像 $f: X \to X'$ が，定義域 X のすべての点で連続であるとき，f を**連続写像**という．

連続写像の簡単な実例を二，三あげてみよう．

例1 距離空間 (X, d) の1つの点を a とすると，X から R への写像
$$f: x \longrightarrow d(x, a)$$
は連続である．

X の1点を x_0, 他の点を x として，
$$f(x_0) = y_0, \quad f(x) = y$$
とおいてみる．

証明することは
$$d(x_0, x) < \delta \text{ ならば } |y - y_0| < \varepsilon$$

さて
$$|y - y_0| = |f(x) - f(x_0)|$$
$$= |d(x, a) - d(x_0, a)|$$
$$\leqq d(x, x_0)$$

そこで，ε に対して，ε より小さい正の数 δ を選ぶならば，上の不等式から
$$d(x, x_0) < \delta \text{ のとき } |y - y_0| < \varepsilon$$
となって，目的が達せられる．

× ×

例2 例1の a の代りに X の1つの部分集合を A として，X から R への写像
$$f: x \longrightarrow d(x, A)$$
をとってみると，これも連続である．

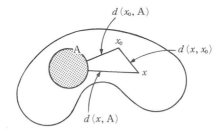

証明は例1と大差ない．

X の1点を x_0, 他の1点を x として
$$f(x_0) = y_0, \quad f(x) = y_0$$

とおいてみよ．
　証明することは
　　　$d(x_0, x) < \delta$　ならば　$|y-y_0| < \varepsilon$
さて
　　　$|y-y_0| = |f(x) - f(x_0)|$
　　　　　　　$= |d(x, A) - d(x_0, A)|$
ところが，第6章の練習問題6, (2)であきらかにしたように，集合と点との距離についても，不等式
　　　$|d(x, A) - d(x_0, A)| \leq d(x_0, x)$
が成り立った．したがって
　　　$|y - y_0| \leq d(x_0, x)$
　そこで，任意の正の数 ε に対して，ε よりも小さい正の数 δ を選ぶならば，上の不等式から
　　　$d(x_0, x) < \delta$　のとき　$|y - y_0| < \varepsilon$
となって，目的が達せられる．
　上の関数は，X を R にとり，A として閉区間 [0, 1] を選んだとすると，
$$f(x) \begin{cases} x-1 & (x>1) \\ 0 & (0 \leq x \leq 1) \\ -x & (x<0) \end{cases}$$
である．
　グラフは簡単であるが参考のため挙げておこう．

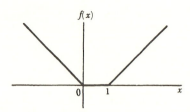

　X を R^2 にとり，点 a を中心とする単位円を A に選んだとすると
　$x \in A$ のときは　$f(x) = 0$
　$x \notin A$ のときは，点 x が点 a を中心とする半径 r の円上にあれば，$f(x) =$

$r-1$ である．

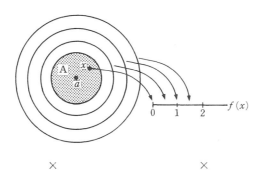

さらに，興味ある1つの例をあげよう．

例3 距離空間 (X, d) において，2つの閉集合 A, B $(A\cap B=\phi)$ をとり，XからRへの写像として

$$f(x)=\frac{d(x, B)}{d(x, A)+d(x, B)}$$

を作ってみると，fは次の性質をもっている．

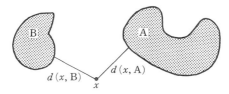

(1) $0\leq f(x)\leq 1$

(2) $f(x)$ は連続写像である．

(1)は $d(x, A)\geq 0$, $d(x, B)\geq 0$ から当然である．

もし $x\in A$ ならば $d(x, A)=0$, $d(x, B)>0$

$$\therefore\quad f(x)=\frac{d(x, B)}{0+d(x, B)}=1$$

また $x\in B$ ならば $d(x, B)=0$, $d(x, A)>0$

$$\therefore\quad f(x)=\frac{0}{d(x, A)+0}=0$$

次に(2)をあきらかにしよう．例2によって，$d(x, A), d(x, B)$ は連続写像であるから，これらの和 $d(x, A)+d(x, B)$ も連続写像である．しかも，この

写像の値は 0 にならないから，2 つの連続写像の商
$$f(x) = \frac{d(x, \mathrm{B})}{d(x, \mathrm{A}) + d(x, \mathrm{B})}$$
も連続写像である．

　この例で，X を二次元ユークリッド空間 R^2 とし，A, B を円とすると
$$f(x) = k$$
の軌跡は 1 つの曲線で，この線上の点集合に k が対応する．

　これを参考にして，写像 f を図示すれば，だいたい次のようになる．

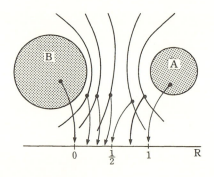

3. 位相写像

　連続写像は，常識的見方をすれば，つながったものは，つながったものに移す．しかしある命題が真でも，その裏命題は真と限らないから，連続写像は，「つながっていないもの」を「つながっていないもの」へ移すことを保証しない．

　たとえば，次のグラフで表わされる連続写像をみると，2 点 x, x' は離れているのに，同じ点 y に移る．

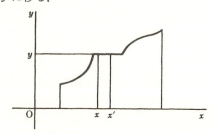

3. 位相写像

ゴム板の伸縮ではこのようなことは起きなかった．したがって，これを防がないと，位相写像の考えに近づかない．

「つながらないもの」は「つながらないもの」へ移るを保証するには，この対偶命題の成立を保証すればよい．それには，逆写像の存在と，その逆写像の連続とを保証すればよい．

すなわち，2つの距離空間を (X, d), (X', d') とし，

X から X′ への写像 f

が単射でかつ全射であるとすると，逆写像 f^{-1} が存在する．さらに f と f^{-1} がともに連続であるとき，f を**位相写像**という．

$$f \text{ は位相写像} \iff \begin{cases} f \text{ は連続写像} \\ f^{-1} \text{ は連続写像} \end{cases}$$

この位相写像は，ゴム板の伸縮のもつ性質を，数学的に定式化したものとみられる．

この位相写像によって変わらない図形の性質が**位相的性質**（位相性）である．

また，2つの距離空間 (X, d) と (X', d') との間に位相写像 f が存在するとき，X と X′ とは**同位相**であるという．

同位相とは，要するに，2つの空間は位相的には区別できず，同一視してよいことを意味する．

この同位相という概念は，同値関係である．すなわち，2つの距離空間 (X, d), (X', d') が同位相であることを，簡単に

$$X \approx X'$$

と表わしてみると，≈ は次の3つの条件をみたす．

(1) $X \approx X$
(2) $X \approx X'$ ならば $X' \approx X$
(3) $X \approx X'$, $X' \approx X''$ ならば $X \approx X''$

この証明は読者の研究として残しておこう．

     ×   ×

例1 任意の2つの開区間 (a, b), (a', b') は，適当な一次写像により同位相になる．

その一次写像をみつければ解決する．

一次写像を
$$f(x)=p(x-a)+q(x-b)$$
とおき，$f(a)=a'$, $f(b)=b'$ をみたすように，p, q を選ぶことによって
$$f(x)=b'\frac{x-a}{b-a}+a'\frac{x-b}{a-b}$$
この写像によって，区間 (a, b) 内の点が区間 (a', b') 内にうつることをみるのはやさしい．
$$x=\frac{mb+na}{m+n} \quad (m, n>0)$$
を代入してみよ．
$$f(x)=\frac{mb'+na'}{m+n}$$
あきらかに $f(x)$ は区間 (a', b') にうつる．

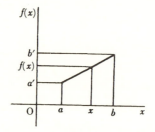

f は連続写像で，かつ逆像 f^{-1} が存在し，f^{-1} も連続写像だから，(a, b) と (a', b') は同位相である．

× ×

例2 写像 $f(x)=\dfrac{x}{1+|x|}$ によって，Rと開区間 $(-1, 1)$ とは同位相になる．$1+|x|$, x はともに連続写像で，$1+|x| \neq 0$ だから $f(x)$ は連続写像である．次に f に逆写像を求めてみる．

$y=\dfrac{x}{1+|x|}$ とおくと $-1<y<1$

$x \geqq 0$ のときは $0 \leqq y < 1$ で $x=\dfrac{y}{1-y}$

$x<0$ のときは $-1<y<0$ で $x=\dfrac{y}{1+y}$

したがって，まとめて

$$f^{-1}(y)=\dfrac{y}{1-|y|} \qquad (-1<y<1)$$

$y, 1-|y|$ は連続写像で $|y|<1$ のとき $1-|y|\neq 0$ だから，$f^{-1}(y)$ は連続写像である．

以上から R と $(-1,1)$ とは同位相になる．

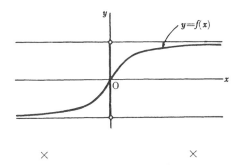

例3 任意の開区間，(a,b) と $(a,+\infty)$ とは同位相であることを示せ．

例2の写像から，写像

$$f_1(x)=\dfrac{x}{1+x}$$

によって $(0,+\infty)\approx(0,1)$ を知った．

また例1によって $(0,1)\approx(a,b)$ が導かれる．したがって $(a,+\infty)\approx(0,+\infty)$ を示せば，問題は解決される．

$f_2(x)=x-a$ によって $(a,+\infty)\approx(0,+\infty)$

また例2で a,b,a',b' をそれぞれ $0,1,a,b$ で置きかえると

$$f_3(x)=(b-a)x+a$$

これによって $(0,1)\approx(a,b)$

なお $f_1(x)=\dfrac{x}{1+x}$ によって $(0,+\infty)\sim(0,1)$ であったから，これらを合成した写像

$$f_3 f_1 f_2$$

によって，$(a, +\infty)$ と (a, b) は同位相になる．

$$(a, +\infty) \underset{f_2}{\approx} (0, +\infty) \underset{f_1}{\approx} (0, 1) \underset{f_3}{\approx} (a, b)$$

$f_3 f_1 f_2$ を求めてみると

$$g(x) = \frac{b(x-a)+a}{x-a+1} \quad (x > a)$$

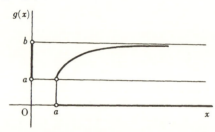

● 4. 集合の位相性

集合が開集合であること，閉集合であることは，位相写像とどんな関係があるだろうか．

開集合は近傍を用いて判別できる概念であるから，位相変換と深い関係のあることが予想されよう．

実例で当ってみると，写像

$$f(x) = x^2$$

によって，開区間 $(2, 3)$ は，開区間 $(4, 9)$ に移る．

また，開区間 $(-1, 1)$ は区間 $[0, 1)$ に移る．

また写像

$$f(x) = x(x-3)^2$$

によって，開区間 $\left(\frac{1}{2}, 4\right)$ は閉区間 $[0, 4]$ に移る．

このように，開区間であることは，連続写像によっては保存されない．

このほかいろいろの例を作ってみると，像が開区間なのに，原像が開区間で

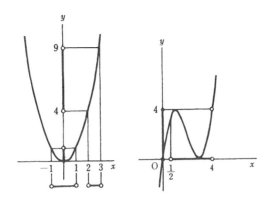

ない場合は起きない．

ということは，像が開区間ならば，原像は必ず開区間になるということである．

このことは，一般の連続写像において成り立つのである．

> 距離空間 (X, d), (X', d') において
> $$f: X \longrightarrow X'$$
> が連続写像であるための必要十分条件は，X' の任意の開集合 O' の原像 $f^{-1}(O')$ が X の開集合になることである．

必要条件と十分条件に分けて証明しよう．

必要条件の証明

f は連続写像であるとする．

X' の任意の開集合を O' として，その原像を O とおく．すなわち，

$$O = f^{-1}(O') \qquad ①$$

O が開集合であることを示すには，O の任意の点 x が，O の内点になることを示せばよい．すなわち，x のある δ 近傍 U が O に含まれることをいえばよい．

$f(x) = x'$ とおくと，仮定によって x' は開集合 O' に属するから，x' は O' の内点である．したがって，x' のある ε 近傍 U' は O' に含まれる．

$$U' \subset O' \qquad ②$$

ところで，写像 f は連続であるから，ε 近傍 U' に対して，δ 近傍 U を適当にとれば
$$U \subset f^{-1}(U')$$
①，② によって　$f^{-1}(U') \subset f^{-1}(O') = O$
$$\therefore \quad U \subset O$$
よって，証明された．

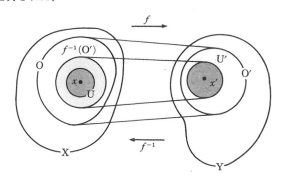

十分条件の証明

X の任意点を x とし，$f(x) = x'$ とおく．

x' の任意の ε 近傍 U' をとれば，U' は開集合である．したがって
$$f^{-1}(U') = O \qquad\qquad ①$$
とおくと，O は仮定によって開集合である．したがって点 x は O に属するから，O の内点になる．

つまり，x のある δ 近傍 U は O に含まれる．
$$U \subset O$$
$$\therefore \quad f(U) \subset f(O)$$
ところが ① によって $f(O) = U'$ であるから
$$f(U) \subset U' \qquad\qquad ②$$
となる．

条件 ② は写像 f が点 x で連続であることにほかならない．

×　　　　　　×

閉集合の補集合は開集合であることを用いると，先の定理は，開集合を閉集合にかきかえても成り立つことが導かれる．

すなわち，X′ の閉集合を E′ とすると，E′^{c} は開集合であるから
$$f^{-1}(E'^c)$$
は開集合である．

ところが，
$$f^{-1}(E'^c) = \{f^{-1}(E')\}^c$$
が一般に成り立つので，$\{f^{-1}(E')\}^c$ は開集合であり，したがって，この補集合の $f^{-1}(E')$ は閉集合である．

以上によって，閉集合 E′ の原像もまた閉集合であることがあきらかにされた．

× ×

写像 f が位相写像であるというのは，f に対して逆写像 f^{-1} が存在し，f と f^{-1} がともに連続なことであった．

したがって，f が位相写像のときは，

X′ の任意の開集合は f^{-1} によって X の開集合にうつる．

さらに

X の任意の開集合は，f によって X′ の開集合にうつる．

この条件は，f が位相写像になるための必要十分条件なわけである．

閉集合についても全く同様のことがいえることは，いうまでもなかろう．

以上によって，開集合，閉集合は，位相写像によって不変なものであり，したがって，位相的性質であることがあきらかにされた．

● 5. 距離の同値

距離の公理をみたす関数はすべて距離の資格があり，いろいろの距離があった．そして集合は同じであっても距離が異なれば，空間としては違う．

距離空間を調べるとき，距離が変るたびに研究を振り出しへもどしていたのではたまらない．見かけは違っても，内容は同じとみられる距離はないものか．もしそれがあるならば，それらは同一視し，同一の理解を展開できるわけで，

省力化をもたらすだろう．

異なるものを同一視するかどうかを判定するには，視点を固定しなければならない．

われわれの目下の目標は位相性の究明にあるから，視点は当然位相変換である．

1つの集合 X に異なる距離 d, d' を導入することによって，2つの距離空間
$$(X, d), (X, d')$$
を作ったとき，もし，恒等写像 e_X が位相写像であるならば，距離 d と d' とは同値であるいう．

この定義から当然，距離の同値は，次の2つの方法で判定できることが知られよう．

(1) 恒等写像 e_X は連続写像である．e_X は逆写像も e_X 自身だから，e_X の連続をいえば，逆写像の連続もいったことになる．

(2) 恒等写像によって，(X, d) の任意の開集合は (X, d') の開集合にうつり，逆に (X, d') の任意の開集合は (X, d) の開集合にうつる．（開集合の代りに閉集合をとっても同じこと）すでにあきらかにしたように (1) と (2) は同値である．(1) を ε, δ-方式で表わすことによって，次の定理が導かれる．

> 集合 X で考えた2つの距離 d, d' は，次のとき同値である．
> (3) X の任意の点を a とするとき，任意の正の数 ε に対して，正の数 δ を適当に選ぶと，
> $$d(a, x) < \delta \text{ ならば } d'(a, x) < \varepsilon$$
> および
> $$d'(a, x) < \delta \text{ ならば } d(a, x) < \varepsilon$$
> が成り立つ．

上の (3) を，近傍を用いて表わしてみると
$$U(x, \delta) \subset U'(x, \varepsilon), \quad U'(x, \delta) \subset U(x, \delta)$$
ここで，U は距離 d に対応する近傍で，U' は距離 d' に対応する近傍を表わす．

(3) は点列の収束にかえることもできる．

Xの点列 $\{x_n\}$ が距離 d のもとで x に収束することと，距離 d' のもとで x に収束することとは同値である．

×　　　　　　　　　×

同値な距離の例を二,三あげてみる．

例1 R^2 で考えた2つの距離 d, d_1 は同値である．すなわち
2点を $x=(x_1, x_2), y=(y_1, y_2)$ とおくとき
$$d(x,y) = \sqrt{(x_1-y_1)^2+(x_2-y_2)^2}$$
$$d_1(x,y) = |x_1-y_1|+|x_2-y_2|$$
は同値である．

証明には不等式を用いる．
$$d(x,y) \leq d_1(x,y)$$
はあきらかだから，ε に対して，ε より小さい δ を選ぶならば
$$d_1(x,y)<\delta \text{ のとき } d(x,y)<\varepsilon$$
となる．

また，不等式
$$d_1(x,y) < \sqrt{2}\,d(x,y)$$
が成り立つから，ε に対して，$\dfrac{\varepsilon}{\sqrt{2}}$ より小さい δ を選ぶならば
$d(x,y)<\delta$ のとき
$$d_1(x,y) < \sqrt{2}\,\delta < \sqrt{2}\cdot\frac{\varepsilon}{\sqrt{2}} = \varepsilon$$
となる．

これで証明が済んだ．

×　　　　　　　　　×

例2 集合 X における任意の距離 d に対して
$$d'(x,y) = \frac{d(x,y)}{1+d(x,y)}$$
も距離になることは，すでに距離の定義のとき解説した．
d と d' とは同値であることを証明せよ．
d' は $d(\geq 0)$ の連続関数であることから自明に等しいが，練習のつもりで，

直接証明してみる.

$d'=f(d)$ とおくと f と f^{-1} は増加関数である.

ε に対して, $f(\varepsilon)=\dfrac{\varepsilon}{1+\varepsilon}$ より小さい δ を選べば

$\quad d'<\delta$ のとき $f(d)<\delta<f(\varepsilon)$

$\quad\quad\therefore\ d<\varepsilon$

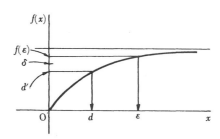

次に ε に対し, $f^{-1}(\varepsilon)=\dfrac{\varepsilon}{1-\varepsilon}$ より小さい δ を選べば

$\quad d<\delta$ のとき $d<\delta<f^{-1}(\varepsilon)$

$d'=f(d)<ff^{-1}(\varepsilon)=\varepsilon \quad \therefore\ d'<\varepsilon$

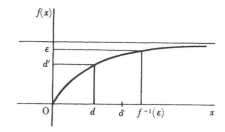

● 練 習 問 題 ●

1. ユークリッド空間 $R\times R$ から R への写像

$\quad f:(x_1,x_2)\longrightarrow x_1+x_2$

は連続写像であることを証明せよ.

2. 距離空間 $(X,d),(X',d'),(X'',d'')$ において, 連続写像

$\quad f:X\longrightarrow X',\ g,X'\longrightarrow X''$

があるとき，合成写像
$$gf : X \longrightarrow X''$$
もまた連続であることを証明せよ．

3. 開区間 (a, b) と R とは同位相であることを示せ．

4. 距離空間 (X, d) があるとき，d を用いて，新しい関数
$$d'(x, y) = \min\{1, d(x, y)\}$$
を作る．
   (1) d' は距離関数であることを証明せよ．
   (2) d と d' とは同値であることを証明せよ．

5. R^2 で定義された 2 つの距離 d と d_∞ とは同値であることを証明せよ．
ただし $x = (x_1, x_2)$, $y = (y_1, y_2)$ のとき
$$d(x, y) = \sqrt{(x_1 - y_1)^2 + (x_2 - y_2)^2}$$
$$d_\infty(x, y) = \max\{|x_1 - y_1|, |x_2 - y_2|\}$$
である．

hint

1. R×R の 2 点を $x = (x_1, x_2)$, $y = (y_1, y_2)$ と，$x_1 + x_2 = a$, $y_1 + y_2 = b$ とおく．証明することは
$$d(x, y) < \delta \quad \text{ならば} \quad |a - b| < \varepsilon$$
$|a - b| = |(x_1 - y_1) + (x_2 - y_2)|$
$\quad \leq |x_1 - y_1| + |x_2 - y_2| \leq \sqrt{2}\, d(x, y)$

したがって，正の数 ε に対して，$\dfrac{\varepsilon}{\sqrt{2}}$ より小さい正の数 δ を選べば
$$d(x, y) < \delta \quad \text{のとき} \quad |a - b| < \sqrt{2}\,\delta < \varepsilon$$
よって，点 x で f は連続である．x は R×R の任意の点であったから，f は連続写像である．

2. $X \xrightarrow{f} X' \xrightarrow{g} X''$
x の 2 つの要素を x, y とし
$$f(x) = x', \ f(y) = y', \ g(x') = x'', \ g(y') = y''$$

とおく.

　g は連続だから，任意の正の数 ε'' に対して，適当な正の数 ε' を選ぶことによって
$$d'(x',y')<\varepsilon' \Rightarrow d''(x'',y'')<\varepsilon''$$
が成り立つようにできる.

　次に f は連続写像だから，上の ε' に対して，適当な正の数 ε を選ぶことによって
$$d(x,y)<\varepsilon \Rightarrow d'(x',y')<\varepsilon'$$
が成り立つようにできる.

　したがって，ε'' に対して ε を選び
$$d(x,y)<\varepsilon \Rightarrow d''(x'',y'')<\varepsilon''$$
が成り立つようにできる. よって gf は x で連続.

3.　写像 $f(x)=\dfrac{x}{1-|x|}$ によって，$(-1,1)$ と R は同相になることを応用する.

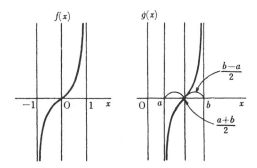

　グラフを左右へ $\dfrac{b-a}{2}$ 倍に伸縮し，それをさらに右へ $\dfrac{a+b}{2}$ だけ平行移動すればよい.

$$g(x)=\dfrac{x-\dfrac{a+b}{2}}{\dfrac{b-a}{2}-\left|x-\dfrac{a+b}{2}\right|}$$

　この g によって (a,b) と R は同相になる.

4.　(1)　$d'(x,y)\geqq 0$ はあきらか.
$$d'(x,y)=0 \iff \min\{1,d(x,y)\}=0$$
$$\iff d(x,y)=0 \iff x=y$$

次に $d'(x,y) = d'(y,x)$ もあきらか.

三角不等式は
$$N = d'(x,y) + d'(y,z)$$
$$= \min\{1, d(x,y)\} + \min\{1, d(y,z)\}$$

$d(x,y) < 1$, $d(y,z) < 1$ のとき
$$N = d(x,y) + d(y,z) \geqq d(x,z)$$

$d(x,y) < 1$, $d(y,z) \geqq 1$ のとき
$$N = d(x,y) + 1 \geqq 1$$

$d(x,y) \geqq 1$, $d(y,z) \geqq 1$ のとき
$$N = 1 + 1 \geqq 1$$

以上から $N \geqq 1$ または $N \geqq d(x,z)$
すなわち $N \geqq \min\{1, d(x,z)\} = d'(x,z)$

5. $d_\infty(x,y) \leqq d(x,y)$ であるから, ε に対して, ε より小さい δ を選べば
$$d(x,y) < \delta \text{ のとき } d_\infty(x,y) < \varepsilon$$
となる.

次に $d(x,y) \leqq 2d_\infty(x,y)$ であるから, ε に対して, $\dfrac{\varepsilon}{2}$ より小さい δ を選べば $d_\infty(x,y) < \delta$ のとき
$$d(x,y) < 2\delta < 2 \times \frac{\varepsilon}{2} = \varepsilon$$
となる.

第9章 一様連続とコンパクト

● 1. 写像の連続をふり返る

　連続について簡単に復習することから話をはじめよう．
　話はもちろん2つの距離空間 $(X, d), (Y, d')$ についてである．
　XからYへの写像 f が，Xの点 a で連続であるというのは，a の像を b とすると，a の近傍が b の近傍にうつることであった．

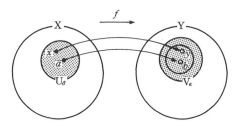

　この文章をそのまま ε, δ を用いてかくと，十分小さく正の数 δ をとると，点 a の近傍 U_δ の像も十分小さくなって，点 b のある近傍 V_ε 内へうつるとなりそうである．

しかし，この常識的いい回しには泣きどころがある．

というのは，近傍 U_δ を十分小さくすることによって，近傍 V_ε をいくらでも小さくできるという保証が弱いからである．δ を小さくとると ε も小さくなるが，ε はある正の数よりはけっして小さくならないというのでは困る．先の常識的表現は，厳密に考えると，このことが十分保証されていない．

このあいまいさを避けるために ε, δ の大きさを定める順を逆転させたのが，いわゆる ε, δ-方式である．

ε を先に定め，それに対応して δ を選ぶから，この順序を尊重して ε, δ-方式というのだと理解しておくとよさそうである．こんな見方を許すなら，先の常識的表現は δ, ε-方式 とでも呼びたい内容である．

どんな正の数 ε を与えられても，ε に対応して正の数 δ を適当に選ぶことによって
$$f(U_\delta) \subset V_\varepsilon$$
となるようにできる．

近傍は集合だから上の式は集合の関係である．これを命題にかえたのが

すべての x について
$$d(a, x) < \delta \text{ ならば } d'(b, y) < \varepsilon$$
である．

ここで，δ は先に与えられた ε に対応して適当に選ぶ（定める）のだから，関数記号を借用して $\delta(\varepsilon)$ と表わされる性質のものである．

a は定点だから，δ に影響がないように見えるが，a も変わると事態は変わり，δ の選び方は a にも関係する．

このことを，R から R への写像
$$f(x) = x^2$$
を例にとって，あきらかにしておこう．

初歩的方法で見当をつけてみよう．
$$|y - b| = |f(x) - f(a)| = |x^2 - a^2|$$
$$= |(x - a)(x + a)|$$
$$\leqq |x - a|(|x - a| + 2|a|)$$

a は正としておくと, $|x-a|<\delta$ のもとで
$$|y-b|<\delta(\delta+2a)$$
そこで, いま δ を $\delta<a$ となるようにとると
$$|y-b|<3a\delta$$
$|y-b|$ を ε より小さくするには $3a\delta<\varepsilon$ すなわち $\delta<\dfrac{\varepsilon}{3a}$ となるように δ をとればよい.

結局 δ を, ε, a に対応して
$$\delta<\min\left(a, \dfrac{\varepsilon}{3a}\right) \qquad ①$$
となるように選べば
すべての x に対して
$$|x-a|<\delta \ \text{のとき} \ |y-b|<\varepsilon$$
となる.

① から, δ の選び方は, ε と a に関係のあることがわかる.
$\varepsilon=0.1$ としておく.
$a=1$ のとき
$$\min\left(1, \dfrac{0.1}{3\times 1}\right)=\min(1, 0.03\cdots)$$
したがって δ は 0.03 より小さく選べば十分である.
$a=2$ のとき
$$\min\left(2, \dfrac{0.1}{3\times 2}\right)=\min(2, 0.016\cdots)$$

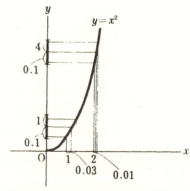

したがって，δ は 0.01 より小さく 選べば十分である．

計算によるまでもなく，グラフからあきらかなように，点 a における傾きが大きいほど δ の選び方はきびしい．

以上によって，δ の選び方は ε のみか，X の点 a にも依存するのをみた．つまり δ は，ε, a に対応して適当に選ぶのだから

$$\delta(\varepsilon, a)$$

で表わされる性質の正の数である．ここで a は変数だから，x にかえて

$$\delta(\varepsilon, x)$$

と表わすのが親切であろう．

● 2. 一様連続な写像

写像の連続の性質を追求してゆくと，δ の選び方が，点 x に依存するかどうかが，決定的な分れ道になることがある．

連続写像で，δ の選び方が点 x に依存しないのが一様連続写像である．したがって，一様連続は一般の連続よりもきびしい条件をみたすわけである．

すなわち，距離空間 (X, d) から (Y, d') への写像 f があるとする．

与えられた正の数 ε に対応して，正の数 δ を適当に選んで，

すべての点 x, x' について

$$d(x, x') < \delta \quad \text{ならば} \quad d'(y, y') < \varepsilon$$

となるようにできるとき，f を**一様連続写像**という．

ただし，ここで，y, y' は x, x' のそれぞれ像を表わす．

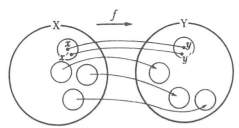

x, x' はともに変数だから，以上のことは，ε に対応して δ を適当に選んですべての (x, x') について

$$d(x, x') < \delta \quad \text{ならば} \quad d'(y, y') < \varepsilon$$

となるようにできる，といいかえても本質は変わらない．

論理的に $\forall x \forall x'[\ ]$ と $\forall (x, x')[\ ]$ とは同じだからである．

× ×

さて，初等的写像のうち，一様連続なものには，どんなものがあるか．また一様連続でないものはどんなものがあるか．簡単な例を二，三あげてみよう．

例1 実数 R から R への写像 $f(x) = ax + b$ は一様連続である．

あまりにも当たり前であるが，練習のつもりで

$$|y - y'| = |a||x - x'|$$

したがって，与えられた ε に対して，δ を $\dfrac{\varepsilon}{|a|}$ よりも小さく選ぶならば，すべての x, x' に対して

$|x - x'| < \delta$ のとき

$$|y - y'| < |a| \cdot \delta < |a| \cdot \frac{\varepsilon}{|a|} = \varepsilon$$

となる．

例2 正の実数の集合を慣用に従って R^+ で表わすと R^+ から R^+ への写像 $f(x) = \dfrac{1}{x}$ は一様連続でない．

グラフをみればあきらかであろう．グラフは x が 0 に近づくにつれて限りなく勾配が急になるから，δ をどんなに小さく選んでおいても，x, x' を小さくとることによって，y, y' の距離を ε より大きくできる．

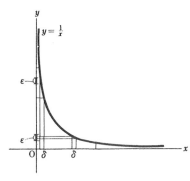

式で考えてみる．与えられた正の数 ε に対して δ を選び

2. 一様連続な写像

$|x-x'|<\delta$ ならば $|y-y'|<\varepsilon$

の成立が保証できたとしよう．

$$|y-y'|=\frac{|x-x'|}{xx'}$$

もし $|x-x'|$ を δ より小さく選び，しかも δ を一定にしておいて，$\dfrac{|x-x'|}{xx'}$ を ε より大きくできることを示せば保証はくつがえされる．

わかりやすくするため $x'>x$ とする．

$x'-x=\delta'<\delta$ で δ' は一定とする．

$$|y-y'|=\frac{\delta'}{x(x+\delta')}$$

この式の値は，x を 0 に近づけて，いくらでも大きくできるから，ε より小さいの保証はくずされる．

例3 R から R への写像 $f(x)=\sin x$ ではどうか．

$$|y-y'|=|\sin x-\sin x'|$$
$$=2\left|\sin\frac{x-x'}{2}\cos\frac{x+x'}{2}\right|$$

ところが，一般に $|\sin\theta|\leqq|\theta|, |\cos\theta|\leqq 1$ だから

$$|y-y'|\leqq 2\left|\frac{x-x'}{2}\right|=|x-x'|$$

したがって，ε に対して，ε よりも小さい δ を選んでおけば $|x-x'|<\delta$ をみたすすべての x, x' に対して

$$|y-y'|<\delta<\varepsilon$$

となる．

したがって $\sin x$ は一様連続である．

例4 $\left(-\dfrac{\pi}{2},\dfrac{\pi}{2}\right)$ から R への写像

$$f(x)=\tan x$$

はどうか．

x が $\dfrac{\pi}{2}, -\dfrac{\pi}{2}$ に近づくとき，y は限りなく大きくなるから，例2と同じ理由で，一様連続でない．

しかし，f が一様連続でなくとも，f^{-1} が一様連続のことはある． $f(x)=\tan x$ はその例で，この逆写像
$$f^{-1}(x)=\tan^{-1}x$$
は一様連続である．

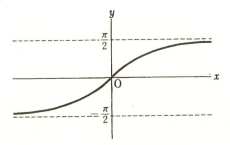

グラフを見れば自明に近いが，初等的計算で確めるのは，思ったよりむずかしい．

例5 $R\times R$ からR への写像
$$f(x_1, x_2)=x_1+x_2$$
は一様連続か．

これが連続であることは，前号ですでに述べた．
$R\times R$ の2点を $\boldsymbol{x}=(x_1, x_2)$, $\boldsymbol{y}=(y_1, y_2)$ とおくと
$$|f(\boldsymbol{x})-f(\boldsymbol{y})|=|(x_1+x_2)-(y_1+y_2)|$$
$$\leq|x_1-y_1|+|x_2-y_2|$$
$$\leq 2\sqrt{|x_1-y_1|^2+|x_2-y_2|^2}=2d(\boldsymbol{x},\boldsymbol{y})$$

したがって，ε に対して，δ を $\dfrac{\varepsilon}{2}$ よりも小さく選んでおけば，$d(\boldsymbol{x},\boldsymbol{y})<\delta$ をみたすすべての $\boldsymbol{x},\boldsymbol{y}$ について
$$|f(\boldsymbol{x})-f(\boldsymbol{y})|<\varepsilon$$
になり，一様連続であることがわかる．

例6 距離空間 (X, d) があるとき，この中に1つの部分集合Aをとると，Xの任意の点 x に，x からAまでの距離 $d(x, A)$ を対応させる写像が考えられる．

この写像は意外と複雑な感じであるが，一様連続なのである．

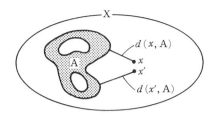

このXからRへの写像をfで表わすと

$$f(x) = d(x, A)$$

Xの2点をx, x'とすると

$$|f(x) - f(x')| = |d(x, A) - d(x', A)|$$
$$\leq |x - x'|$$

したがって，任意のεに対して，εより小さいδを選びさいすれば，$|x - x'| < \delta$をみたすすべてのx, x'に対して

$$|f(x) - f(x')| < \varepsilon$$

が成り立つことになって，一様連続であることが確められる．

3. コンパクトとは何か

一様連続かどうかを，写像ごとに，くふうをこらし，確めていたのでは，アタマがいくつであっても追いつかない．簡単に見分ける定理がないものだろうか．

たとえば，実関数で「閉区間で連続ならば必ず一様連続である」といった定理があるならば，一様連続の証明は，連続の証明で済ませることになって有難い．

一般の距離空間にも，そのような定理はあるのだが，それをあきらかにするには予備知識が必要である．次の話題のコンパクトがそれである．

コンパクトとは，通俗的いい方をすれば閉じていることである．とはいっても，これで万全なわけではない．

泥棒よけの戸じまりは別として，中学や高校の数学には，すでに演算について閉じているがある．

一般の空間では，要素の間に演算が定義されているとは限らないから，この閉

じかたでもない．

　トポロジーには閉集合の概念があった．これも，ある意味では閉じていた．ここで考えるコンパクトは，閉集合の閉じ方に似た概念である．

　一般に距離空間 (X, d) が**コンパクト**であるというのは，Xに含まれるどんな点列も，必ずXに属するある点に収束する部分列を持つことである．

　点列の点は，集合としてみると有限集合のこともあるし，無限集合のこともある．

　収束する点列

$$x_1, x_2, \cdots, x_n, \cdots$$

は，集合としてみたとき，有限のこともあった．あるところから先は a に等しければ，有限集合で，しかも a に収束する．

　したがって，コンパクトな集合は無限集合とは限らない．有限集合ならば，それから作った点列はすべて収束する部分列を持つ．

　したがって，距離空間 (X, d) がコンパクトであることは，次のいずれかであるといいかえることができる．

　○　Xは有限集合である．
　○　Xが無限集合のときは，その任意の無限部
　　　分集合は，それに属する少くとも1つの集積点をもつ．

　コンパクトの概念は，距離空間の部分集合についても考える．距離空間 (X, d) の部分集合Eを，距離 d をもった1つの空間とみて，コンパクトを考えればよいからである．

　例1　距離空間 (X, d) がコンパクトであれば，Xの閉集合Aはコンパクトな集合である．

　これは閉集合の定義から自明に近い．

　Aに含まれる任意の無限集合をEとすると，Xはコンパクトなのだから，Eには集積点 x が必ずある．ところが閉集合というのは，その集積点を含むもののことであったから，x はAに属する．したがってAはコンパクトである．

　例2　例1の逆がいえる．すなわち距離空間 (X, d) の部分集合 E がコンパクト集合であれば，EはXの閉集合である．

　Eが閉集合であるとは，Eの触点がEに属することであった．Eの触点はE

の点かまたはEの集積点であるから，Eの集積点 x がEに属することをいえばよい．

x のみを集積点にもつEの部分集合をとると，Eはコンパクトなのだから，x はEに属する．

これでEはXの閉集合であることがわかった．

例3 1次のユークリッド空間Rにおいて，閉区間 $[a,b]$ はコンパクトである．

これは実数のときに説明したボルツァノ-ワイエルストラスの定理からあきらかである．

この定理によると，Rの有界な無限部分集合は少なくとも1つの集積点をもった．閉区間 $[a,b]$ は有界だから，それに属する無限部分集合は少なくとも1つの集積点 x をもつ．$[a,b]$ は閉集合だから，x は $[a,b]$ に属する．したがって $[a,b]$ はコンパクトである．

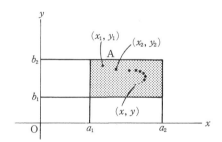

例4 2次のユークリッド空間 R^2 において，閉集合
$$A=\{(x,y)\mid x\in[a_1,b_1],\ y\in[a_2,b_2]\}$$
はコンパクトである．

この閉集合Aは，図解すれば，長方形の周と内部になる．

証明するには，まず，この閉集合から，任意の点列
$$(x_1,y_1),\ (x_2,y_2),\ \cdots,\ (x_n,y_n),\ \cdots \qquad ①$$
をとる．

例3によって $[a_1,b_1]$ はコンパクトだから点列 $\{x_n\}$ は x に収束する部分列 $\{x_{k_n}\}$ をもつ．

そこで，この部分列に対応して①の部分列

$$(x_{k1}, y_{k1}), (x_{k2}, y_{k2}), \cdots \qquad ②$$

を取り出す.

例3によって $[a_2, b_2]$ はコンパクトだから,点列 $\{y_{kn}\}$ は y に収束する部分列をもつから,それを $\{y_{hn}\}$ とする.

そこで,この部分列に対応して②の部分列

$$(x_{h1}, y_{h1}), (x_{h2}, y_{h2}), \cdots \qquad ③$$

を作り,これは点 (x, y) に収束することをあきらかにすればよい.

(x, y) を $\boldsymbol{x}$ と表わすと

$$\begin{aligned} d(\boldsymbol{x}, \boldsymbol{x}_{hn}) &= \sqrt{(x-x_{hn})^2 + (y-y_{hn})^2} \\ &\leq |x-x_{hn}| + |y-y_{hn}| \end{aligned} \qquad ④$$

ところが,$\{x_{hn}\}, \{y_{hn}\}$ はそれぞれ x, y に収束するから,

$$|x-x_{hn}| \longrightarrow 0, \quad |y-y_{hn}| \longrightarrow 0$$

したがって④から

$$d(\boldsymbol{x}, \boldsymbol{x}_{hn}) \longrightarrow 0$$

③は点 $\boldsymbol{x}=(x, y)$ に収束する.

しかも x は $[a_1, b_1]$ に属し,y は $[a_2, b_2]$ に属するから (x, y) はAに属する.以上によって,Aはコンパクトであることが証明された.

×   ×

例4を用いることによって,R^2 の有界な閉集合Eはコンパクトであることが導かれる.

このことは,Eを含む長方形の閉集合Aが存在することから,容易に想像できよう.

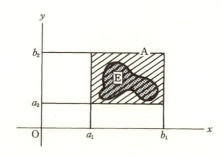

これを，さらに n 次元へ一般すると，次の定理になる．

> n 次元のユークリッド空間 R^n の有界な部分閉集合 E はコンパクトである．

これは，ボルツァノ-ワイエルストラスの定理を一般化したものである．

● 4. プレコンパクト

1次元のユークリッド空間Rのときに被覆の考えがあった．この概念は容易に任意の集合へ一般化することができる．

集合Xが，その部分集合族の合併によって覆われるとき，すなわちXの部分集合族 Γ があって

$$\mathrm{X} \subset \cup \mathrm{U} \quad (\mathrm{U} \in \Gamma)$$

のとき，集合族 Γ をXの**被覆**という．

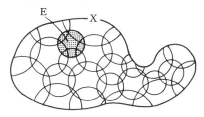

Γ は有限集合のことも，無限集合のこともある．有限集合のときは**有限被覆**という．

距離空間 (X, d) では，部分集合 E の大きさとして，その直径 $\delta(\mathrm{E})$ を考えることができる．

そこでXの被覆で，とくに，被覆に用いる部分集合の直径が，与えられた正の数 ε より小さいものの存在を問題にすることができる．

この考えの，重要であることは，一様収束の定義からみても想像できるはずである．

任意に与えられた正の数 ε に対して，条件

$$\delta(\mathrm{U}_i) < \varepsilon \quad (i=1, 2, \cdots, n)$$

をみたす有限被覆

$$\Gamma = \{\mathrm{U}_1, \mathrm{U}_2, \cdots, \mathrm{U}_n\}$$

が存在するとき，Xは**プレコンパクト**または**全有界**であるという．

ここで，n は ε に対応して定まるもので，ε が小さいほど，一般には n が大きくなることは容易に予想できよう．

このプレコンパクトの概念は，Xの部分集合Eについても考えられる．次の図で理解して頂ければ十分である．

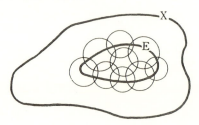

例1 1次元のユークリッド空間Rの有界な部分集合Eはプレコンパクトである．

説明するまでもなかろう．Eは有界だからEを含む閉区間 $[a, b]$ が存在する．そこで，与えられた正の数 ε に対して，長さが $\frac{\varepsilon}{2}$ の線分を選べば，それをつなぐことによって，$[a, b]$ を被覆することができ，したがってEも被覆される．

このとき選んだ線分の長さは，あきらかに ε より小さく，その個数 n は有限である．

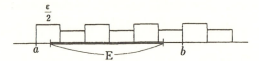

例2 例1を一般化すると「n 次元のユークリッド空間 R^n の有界な部分集合 E はプレコンパクトである」となる．

何次元でも，証明の本質にかわりはないから，2次元で理解すれば十分である．対角線の長さが $\frac{\varepsilon}{2}$，したがって1辺の長さ $\frac{\varepsilon}{2\sqrt{2}}$ の正方形をつないで，Eを被覆すればよい．これらの正方形の数は有限で　しかも正方形 U_i の直径 $d(U_i)$ $=\frac{\varepsilon}{2}$ は ε より小さい．

一般に n 次元のときは，1辺が $\frac{\varepsilon}{2\sqrt{n}}$ の立方体（?）で被覆すればよい．

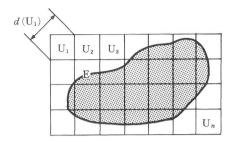

立方体といっても，n 次元だから 3 次元の立方体を一般化したもの，すなわち

$$a_i \leqq x_i \leqq a_i + \frac{\varepsilon}{2\sqrt{n}} \qquad (i=1, 2, \cdots, n)$$

をみたす点 $(x_1, x_2, \cdots, x_n)$ の集合のことであるから，視覚化は不可能である．知的産物として，頭の中で構成してみるのが精一ぱいである．

×　　　　　　　×

一般の距離空間はプレコンパクトとは限らないが，もしコンパクトならばプレコンパクトになる．

> 距離空間 (X, d) は
> $\left\{\begin{array}{l}\text{コンパクト}\\\text{である}\end{array}\right\}$ ならば $\left\{\begin{array}{l}\text{プレコンパクト}\\\text{である}\end{array}\right.$

すなわち X のどの点列も収束する部分列をもつならば，X はプレコンパクトである．

この証明はちょっと手ごわい．背理法によるには，もし X がプレコンパクトでないとすると，矛盾の達することを示せばよい．

X がプレコンパクトでないとすると，ある正の数 ε があって，X は有限個の ε 近傍で被覆されることはない．したがって，点列 $\{x_n\}$ を次のようにとることができる．

x_1 ── 任意にとる．

x_2 ── $U(x_1)$ に属さないようにとる．

x_3 ── $U(x_1), U(x_2)$ のどちらにも属さないようにとる．

x_4 ── $U(x_1), U(x_2), U(x_3)$ のどれにも属さないようにとる．

ここで近傍 $U(x_1), U(x_2), \cdots$ は ε 近傍とする。

以上の操作は限りなく続けることができるから，点列 $\{x_n\}$ がえられる．

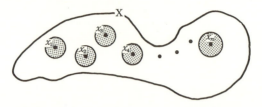

この点列では，異なる番号の2点間の距離は ε 以上である．すなわち

$\qquad i \neq j$ のとき $d(x_i, x_j) \geqq \varepsilon$

したがって，この点列は収束する部分列をもたず，Xがコンパクトであることに矛盾する．

これで証明が済んだ．

● 5. 可分とはなにか

実数全体の集合をR，有理数全体の集合をQとすると，Qは可算集合で，Qの閉包（触集合）$\bar{Q}$（Q^a ともかく）はRに等しい．すなわち

$\qquad Q \subset R, \quad \bar{Q} = R$

このことを，距離空間へ一般化したのが可分という概念である．

すなわち，距離空間 (X, d) が**可分**であるというのは，Xのある可算集合Eの閉包が，Xに等しくなることである．

分けてかくと，次の3条件になる．

○　EはXの部分集合

○　Eの元の数は可算個である．

○　$\bar{E} = X$

可分については，次の重要な定理が成り立つ．

> 距離空間 (X, d) は
> プレコンパクトならば可分である．

これを証明してみよう．

Xはプレコンパクトなのだから，任意のεに対して，有限個のε近傍の被覆を作ることができる．

$\varepsilon=1$ のときの被覆を

$\quad U(x_{11}), U(x_{12}), \cdots, U(x_{1a})$ ①

$\varepsilon=\dfrac{1}{2}$のときの被覆を

$\quad U(x_{21}), U(x_{22}), \cdots, U(x_{2b})$ ②

$\quad\cdots\cdots\cdots\cdots\cdots\cdots\cdots\cdots\cdots\cdots\cdots$
$\quad\cdots\cdots\cdots\cdots\cdots\cdots\cdots\cdots\cdots\cdots\cdots$

とすれば，点列

$\quad x_{11}, x_{12}, \cdots, x_{1a}\ ;\ x_{21}, x_{22}, \cdots, x_{2b}, \cdots$

のつくる集合Eは可算集合である．

そして，Xの点はすべてEの触点になる．そのわけをあきらかにしよう．Xの1点をxとすると，

①はXの被覆だから，xは①の近傍のどれかに属する．それを$U(x_{1p})$としよう．

②もXの被覆だから，xは②の近傍のどれかに属する．それを$U(x_{2q})$としよう

以下同じことを続けて行けば，x を含む近傍の列

$\quad U(x_{1p}),\ U(x_{2q}),\ U(x_{3r}),\ \cdots$
$\quad\ \ \uparrow\qquad\ \uparrow\qquad\ \ \uparrow$
$\quad\varepsilon=1\quad \varepsilon=\dfrac{1}{2}\quad \varepsilon=\dfrac{1}{3}$

ができ，点列

$\quad x_{1p}, x_{2q}, x_{3r}, \cdots$

はxに収束するから，xはEの触点になる．

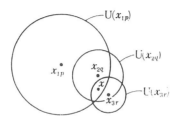

Xのすべての点がEの触点であるならば
$$X = \bar{E}$$
だから，定義によってXは可分である．

これで証明が終った．

だいぶむづかしくなった感じであるが，証明は，そのからくりがわかってしまえば，意外とやさしいのである．

Xの点 x が触点になるような可算集合 E をどのようにして作るかに，解決のカギが握られている．そのためにプレコンパクトであることを巧妙に用いた．

6. 第2可算公理

距離空間 (X, d) で，ある可算個の開集合族 Γ を選べば，Xのどんな開集合Oも，Γ の部分集合族の合併として必ず表わされるとき，Xは**第2可算公理**をみたすという．

> 距離空間 (X, d) は
> 可分である　ならば　{ 第2可算公理をみたす
> この定理は逆も成り立つ．

証明は，Xの任意の開集合Oに対して，O を表わす可算の開集合族の作り方にかかっている．この作り方は簡単には気付かない．

Xは仮定によって可分であるから，ある可算集合
$$E = \{a_1, a_2, \cdots\}$$
を選んで
$$X = \bar{E}$$
となるようにすることができる．

さて，ここでEの各点に ε 近傍を作るのであるが，ε としては正の有理数を利用する．

正の有理数の集合は可算であるから
$$q_1, q_2, q_3, \cdots$$
とならべることができる．

そこで，Eの点 a_i には，半径 q_i の近傍を作ることにする．

この近傍のうち，Oに含まれるもの全体の合併集合をO′として
$$O = O'$$
となることをあきらかにすればよい．

O′⊂O はあきらかだから，O⊂O′ を示せば十分である．

O の任意の元を x とすると，O は開集合だから x はO の内点である．したがって，x の近傍 $U(x, \varepsilon)$ で，Oに含まれるものがある．

一方 x は E の触点であったから，近傍 $U\left(x, \dfrac{\varepsilon}{2}\right)$ をとると，この中に属する E の元 a_i が必ず存在する．

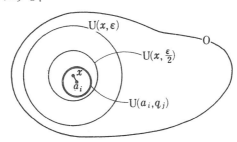

そこでいま
$$d(x, a_i) < q_j < \frac{\varepsilon}{2}$$
をみたす有理数 q_j をとれば
$$x \in U(a_i, q_j)$$
しかも，$U(a_i, q_j)$ に属する任意の点を y とすると
$$d(x, y) \leqq d(x, a_i) + d(a_i, y)$$
$$\leqq q_j + q_j < \varepsilon$$
となるから，y は $U(x, \varepsilon)$ にも属する．したがって
$$U(a_i, q_j) \subset U(x, \varepsilon) \subset O$$
これは，点 x が O に含まれる近傍の 1 つ $U(a_i, q_j)$ に属することを示すから，x は O′ に属する．
$$\therefore \quad O \subset O'$$
$$\therefore \quad O = O'$$

逆の証明は，読者の練習として残しておこう．

7. リンデレーフ空間

距離空間 (X, d) は，その任意の開集合の被覆が必ず可算個の部分集合からなる被覆を含むとき，X は**リンデレーフ (Lindelöf) 空間**であるという．

これについては，次の定理がある．

> 距離空間 (X, d) は
> 第2可算公理をみたす ならば リンデレーフ空間である

X は第2可算公理をみたすから，そのときの可算の開集合を
$$\Gamma = \{O_1, O_2, \cdots\}$$
とする．

X の任意の開集合の被覆を Π として，Π は可算個の被覆を含むことをあきらかにしなければならない．

Π の任意の要素を U_λ とすると，仮定によって，U_λ は Γ の部分集合の合併で表わされるから
$$U_\lambda = 可算の\ O_k\ の合併集合$$

すべての U_λ を合併したものが X だから，X もまたいくつかの O_k の合併集合として表わされる．O_k は Γ の元である．一方 Γ は可算であるから，Γ の部分集合も可算である．よって
$$X = 可算の\ O_k\ の合併集合 \qquad ①$$

Π の元は開集合だから Γ のいくつかの元の合併で表わされる．一方 Π は X の被覆だから，どの O_k も Π のある集合に含まれる．その集合の1つを選んで U_k と表わすことにすると，
$$O_k \subset U_k$$

これと，① とから
$$X = 可算の\ U_k\ の合併集合$$
すなわち，ここで選んだ
$$\{U_1, U_2, \cdots\}$$
は Π から選んだ可算の被覆であり，X はリンデレーフ空間である．

× ×

以上で知った定理の関係を図示化によって総括すると，次のようになる．

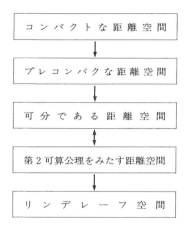

結局，距離空間はコンパクトであれば，リンデレーフ空間になる．
　　　　　　　　×　　　　　　　　　　　　×
これを用いれば，重要なハイネ-ボイルの定理を導くことができる．

> 距離空間 (X, d) がコンパクトならば，Xの任意の開集合の被覆は，必ず有限の被覆を含む．

コンパクト空間はリンデレーフ空間であったから，被覆がどんな無限であっても，必ず可算の被覆を含む．

したがって，可算被覆の場合を証明すればよい．

その被覆を $\varGamma = \{U_1, U_2, \cdots\}$ とする．

背理法による $\varGamma$ が有限被覆を含まないとすると，どんな n を選んでも

$$X \neq \bigcup_{\lambda=1}^{n} U_\lambda$$

である．

そこでいま，次の方法で，数列 $\{x_n\}$ を作ってみる．

x_1 —— U_1 に属さないものを選ぶ．

x_2 —— U_1, U_2 にともに属さないものを選ぶ．

x_3 —— U_1, U_2, U_3 のどれにも属さないものを選ぶ．

Xはコンパクトであるから，点列 $\{x_n\}$ は収束する部分列をもつ．それを
$$x_{k_1}, x_{k_2}, \cdots$$
とし，x に収束するとする．

Γ は被覆だから，Γ には x の属する集合 U_i が存在する．U_i は開集合だから x は U_i の内点である．したがって，十分大きい N を選ぶと

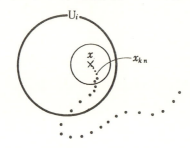

$$k_n > N \quad \text{ならば} \quad x_{k_n} \in U_i \qquad ①$$

となる．

このことは，点列 $\{x_n\}$ の作り方からみて矛盾である．なぜかというに，点列の作り方によると i 以上の番号の点 $x_i, x_{i+1}, \cdots$ はすべて U_i に属さないのに，U_i に属するものが無数にあることを ① は示しているからである．

よって，適当な n に対して
$$X = \bigcup_{\lambda=1}^{n} U_\lambda$$
が成り立つ．

● 8. 一様連続の定理

いよいよ，前に予告した，一様連続を見分ける定理をあきらかにするときがきた．

> 2つの距離空間を $(X, d), (Y, d')$ とする．Xがコンパクトであるとき，XからYの写像 f は
>   連続ならば一様連続である．

この**一様連続の定理**を証明してみる．

f は連続写像であるから，与えられた正の数 ε に対して，x ごとに正の数 $\delta(x)$ を適当に選ぶことによって

$$f\left(U\left(x,\frac{\delta(x)}{2}\right)\right) \subset V\left(y,\frac{\varepsilon}{2}\right)$$

となるようにできる．ただし y は x の像である．

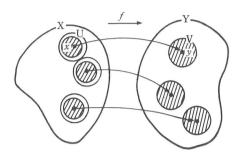

Xのすべての点は，それぞれその点の近傍に属するから，x の近傍として $U\left(x,\dfrac{\delta(x)}{2}\right)$ を選ぶと，これらの集合族 $\varGamma$ は，Xの開集合の被覆である．

一方仮定によるとXはコンパクトだから，ハイネ-ボレルの定理によって，$\varGamma$ には有限の被覆が含まれる．

それを

$$U\left(x_i,\frac{(\delta x_i)}{2}\right) \qquad (i=1, 2, \cdots, n) \tag{1}$$

とする．

ここで $\dfrac{\delta(x_1)}{2},\ \dfrac{\delta(x_2)}{2},\ \cdots,\ \dfrac{\delta(x_n)}{2}$ の最小値を δ とおき，この δ に対して

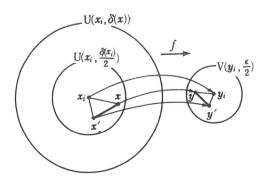

$$d(x, x') < \delta \quad \text{ならば} \quad d'(y, y') < \varepsilon$$

が成り立つことを示せばよい．ただし，y, y' は x, x' の像である．

$d(x, x') < \delta$ をみたす x, x' について考える．

① は被覆だから，① の中には x を含むものがある．

これを $U\left(x_i, \dfrac{\delta(x_i)}{2}\right)$ とすると

$$d(x_i, x') \leq d(x_i, x) + d(x, x')$$
$$< \dfrac{\delta(x_i)}{2} + \dfrac{\delta(x_i)}{2} = \delta(x_i)$$

となるから，x' は $U\left(x_i, \dfrac{\delta(x_i)}{2}\right)$ に属する．

結局 x, x' はともに $U\left(x_i, \dfrac{\delta(x_i)}{2}\right)$ に属する．

したがって，x, x', x_i の像をそれぞれ y, y', y_i とすれば

$$d'(y, y') \leq d'(y, y_i) + d'(y_i, y')$$
$$\leq \dfrac{\varepsilon}{2} + \dfrac{\varepsilon}{2} = \varepsilon$$

が成り立つ．

これで，証明が終った．

×　　　　　　　×

この定理を，一次元ユークリッド空間 R にあてはめると，次の定理が導かれる．

閉区間 $[a, b]$ から R への写像 f は，連続ならば一様連続である．

なぜかというに，前にあきらかにしたように $[a, b]$ はコンパクトであって，上の定理の条件をみたすからである．

第10章 距離空間の完備性

● 1. コンパクトをふり返る

　前号ではコンパクトな距離空間の性質を調べた．その過程で，プレコンパクト，可分，第2可算公理，リンデレーフ空間，ハイネ-ボイルの定理，……などなど，むずかしい概念や定理が現れ，面くらった読者が多かったに違いない．ここらで一息入れて，気分転換をはかることにしよう．
　「なぜ，むずかしい考えや定理を出したか」
　「答は簡単．距離空間上の連続な関数はどんな場合に一様連続になるかを知りたいためであった」
　「そのためにハイネ-ボイルの定理を導いたというわけか」
　「そうだ．距離空間がコンパクトであれば，そのどんな開集合の被覆も，その中の有限個を選ぶことによって被覆の役目を果すことができる……というのがハイネ-ボイルの定理であった」
　「その定理の証明のむずかしさはどこにあるか」
　「被覆が非可算の場合だ．被覆に用いる開集合が無限個であっても，可算の

場合はやさしいが，非可算の場合がむずかしい」

「なるほど，そのために，コンパクト → プレコンパクト → 可分 → 第2可算公理 → ……と息の切れそうな過程をふんだわけか」

「まあ！ そういうことになる」

「もっと，近道はないのか．どんなに有難い説教でも，こう長々と続いては，足がしびれる」

「お説，もっとも．多少近い道がないわけではない．しかし，"急がば回れ"ということもある．遠まわりの途中で，犬も棒に当たるたとえ」

「そのたくらみがつかめない」

「これからの課題である完備との関係，一般位相空間の構成などで，プレコンパクト，可分，第2可算公理，……などなどは，位相空間を特徴づける上で，きわめてたいせつなもの．そのたいせつな概念をチラリと出しておこうというたくらみも裏にある」

「それにしても，庶民向きじゃない」

「証明を完全に理解しようとあせるから，くたびれ，不安がつきまとうのだ．前にもいったように，証明を素通りして，基本概念をつかんでほしい．証明の完全マスターは余裕のあるときに…」

「それで安心した．新幹線の運転は国鉄にまかせ，旅を楽しむ気持」

「ビュッフェで一パイとゆく，ゆとり．その調子で，ときには駅べんも楽しむ．出発駅はコンパクトな距離空間であった．距離空間がコンパクトであるというのは，そのどんな点列も，必ず収束する部分列をもつことであった．その次の停車駅は？」

「プレコンパクトは？」

「距離空間がプレコンパクトであるというのは，どんな正の数 ε を与えられても，ε よりも小さい——くわしくは直径の小さい——有限個の集合の被覆をもつことであった」

「そして，最初に現れた定理が，距離空間において

   コンパクト $\Rightarrow$ プレコンパクト

であった」

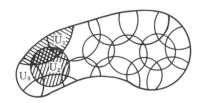

「第3の停車駅は？」

「可分でしょう」

「よく憶えていましたね．距離空間Xが可分であるというのは
$$X = \bar{E}(=E^a)$$
をみたすような可算部分集合Eをもつことであった．実例をあげてごらん」

「それ位なら，ぼくでも手が出る．実数全体の集合Rが身近かにある．有理数全体の集合Qは可算でしょう．しかも，Qの触集合$\bar{Q}$はRに等しい」

「可分の概念が導入されたところで，第2の定理として，距離空間は

プレコンパクト $\Rightarrow$ 可分

を導いた．これで第3の駅を無事通過．第4の停車駅は？」

「可算公理……いや第2可算公理でした．第1がないのに，第2へとぶのは？」

「第1可算公理もあるのだが，まだ必要がないから出さなかったまで．あせらないでほしい．距離空間Xが第2可算公理をみたすというのは，

適当な，可算の，開集合の族 Γ

を選んでおくと，Xのどんな開集合Oも，Γ の一部分の合併として表わされることであった．つまり Γ から $O_1, O_2, \cdots$ を取り出すことによって
$$O = O_1 \cup O_2 \cup \cdots$$
となるようにできることである．前に説明しなかったが，このときの Γ をXの**可算開基底**という」

「では，距離空間が第2可算公理をみたすことは，可算開基底をもつことといってもよいわけですね」

「そうだ．この新概念を導入したあとで導いた定理は，距離空間において

可分 $\iff$ 第2可算公理

であった．これで第4の駅を通過」

「次の停車駅はリンデレーフ空間」

「そう．距離空間がレンデレーフ空間であるというのは，その空間のどんな開集合の被覆も，その可算の部分被覆をもつことであった」

「そこで導いた定理は？」

「距離空間において

　　　第2可算公理 ⇒ リンデレーフ空間

であった．これは，強力な定理です．ここらで，以上で知った距離空間 (X, d) の性質をまとめてみよう．

> **コンパクト** 点列は収束する部分列をもつ．

> **プレコンパクト** 大きさが ε より小さい有限被覆をもつ．

> **可分** $X = \overline{E}$ をみたす可算部分集合 E をもつ．

> **第2可算公理** 可算開基底をもつ．

> **リンデレーフ空間** 任意の開被覆は可算の部分被覆をもつ．

「以上の準備のあとで，ハイネ-ボレルの定理を導いた．すなわち距離空間において

　　　コンパクト ⇒ ハイネ-ボレルの定理

さらに，この定理を用いて，コンパクトな距離空間から他の距離空間への写像は連続ならば一様連続になることを導いた．

すなわち写像

$$f : \underset{\text{コンパクト}}{(X, d)} \longrightarrow (Y, d')$$

は連続であることがわかれば，おのずと一様連続になる．

これで，終着駅に無事ついたわけである」

● 2．距離空間の完備性

　実数全体の集合Rにも完備性があったから，一般の距離空間の完備性も，Rへもどり，その一般化を試みることにしよう．

　Rの点列 $\{x_n\}$ が基本列であるというは，任意の正の数 ε に対して，適当な番号 N を選ぶと

　　　$m, n > N$　ならば　$|x_m - x_n| < \varepsilon$ 　　　　　　　　　　　　　①

となることであった．

　これは，もっとやわらかくいいかえれば

　　　$m, n \to \infty$　のとき　$|x_m - x_n| \to 0$

ということである．

　$|x_m - x_n|$ は2点 x_m, x_n の距離であるから $d(x_m, x_n)$ と表わしてもよい．

　このようにかきかえると，一般の距離空間へ，基本列の概念を拡張する道が開ける．

　距離空間 (X, d) の点列 $\{x_n\}$ は，任意の正の数 ε に対して，適当に番号 N を選ぶと

　　　$m, n > N$　ならば　$d(x_m, x_n) < \varepsilon$

となるとき，**基本列**または**コーシー列**という．

　　　　　　　　　　　　　　×　　　　　　　　　×

　点列 $\{x_n\}$ が収束すれば，基本列であることをいうのはやさしい．

　この点列が x に収束したとせよ．与えられた正の数 ε に対して，適当な番号 N をとることによって

　　　$m, n > N$ なるとき

　　　　$d(x_m, x) < \dfrac{\varepsilon}{2}$　　$d(x_n, x) < \dfrac{\varepsilon}{2}$

となるようにできた．

　したがって

　　　$d(x_m, x_n) \leqq d(x_m, x) + d(x_n, x) < \varepsilon$

となって，目的の不等式が出る．

しかし，この逆，すなわち「基本列はすべて収束する」は正しいとは限らない．

実数全体の集合Rは，デデキントの連続の公理をみたすならば，すべての基本列は収束した．また逆に，すべての基本列は収束するを認めることによって，実数の連続性にかえる道もあった．

一般の距離空間は，基本列がすべて収束するとは限らない．そこで，もし，基本列がすべて収束ならば，**完備**であるということにする．

完備については，次の重要な定理が成り立つのである．

> 距離空間はコンパクトならば完備である．すなわち
> 　　コンパクト $\Rightarrow$ 完備

証明はやさしい．

距離空間 (X, d) の任意の基本列

$$x_1, x_2, \cdots, x_n, \cdots \qquad ①$$

が収束することを示せばよい．

仮定によるとXはコンパクトであるから，点列①は収束する部分列

$$x_{k_1}, x_{k_2}, \cdots, x_{k_m}, \cdots$$

をもつ．これが x に収束したとすると，与えられた ε に対して番号 N_1 を適当に選んで

$$k_m > N_1 \quad ならば \quad d(x_{k_m}, x) < \frac{\varepsilon}{2}$$

となるようにできる．

一方 (1) は基本列だから，ε に対して，適当な N_2 を選んで

$$k_m, n > N_2 \quad ならば \quad d(x_{k_m}, x_n) < \frac{\varepsilon}{2}$$

となるようにできる．

そこで，N_1 と N_2 の最大値を N とすると，N より大きい k_m, n に対して

$$d(x_{k_m}, x) < \frac{\varepsilon}{2}$$

$$d(x_{km}, x_n) < \frac{\varepsilon}{2}$$

は成り立つから

$$d(x, x_n) \leq d(x_{km}, x) + d(x_{km}, x_n)$$

$$< \frac{\varepsilon}{2} + \frac{\varepsilon}{2} = \varepsilon$$

も成り立つ．すなわち

$n > N$ ならば $d(x, x_n) < \varepsilon$

これは基本列①が収束することを表わしている．

これで証明が済んだ．

× ×

上の定理の逆は成り立たない．つまり，距離空間は完備であってもコンパクトとは限らない．コンパクトという条件は，完備という条件よりはきついのである．ということは完備であっても，コンパクトでない距離空間がありうると

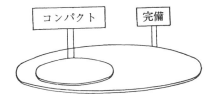

いうことである．

たとえば，1次元ユークリッド空間

(R, d) $d(x, y) = |x - y|$

は完備であったが，収束する部分列をもたない点列，たとえば

$1, 2, 3, 4, \cdots\cdots$

をもっているからコンパクトではない．ということは，(R, d) の完備性は，コンパクトから導かれるのではないことを意味する．

(R, d) 自身はコンパクトでないが，Rの有界な閉区間はコンパクトだから，基本列が有界であることを用いて，Rの完備性はいえるのである．

例1 距離空間 (X, d) が完備ならば，この閉集合 (A, d) は完備である．
自明に近いが念のため，証明してみる．

Aの基本列を $\{x_n\}$ とし，これがAにおいて収束することをいえばよい．仮定によってXは完備だから，$\{x_n\}$ はXの点 x に収束する．

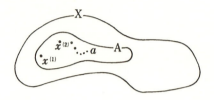

ところがAは閉集合だから，
$$x \in A$$
したがって $\{x_n\}$ はAの点に収束するから，Aは完備である．

例2 2つの距離空間 $(X_1, d_1), (X_2, d_2)$ が完備ならば，この直積距離空間 $(X_1 \times X_2, d)$ も完備である．

ただし $x = (x_1, x_2), y = (y_1, y_2)$ のとき
$$d(x, y) = \sqrt{d_1(x_1, y_1)^2 + d_2(x_2, y_2)^2}$$

これも自明に近いと思うが，重要であるから証明してみる．

$X_1 \times X_2$ の基本列を
$$\{x^{(n)}\}, \quad x^{(n)} = (x_1^{(n)}, x_2^{(n)})$$
とすると，正の数 ε に対して，N を適当にとると
$$m, n > N \quad \text{ならば} \quad d(x^{(m)}, x^{(n)}) < \varepsilon$$
すなわち
$$\sqrt{d_1(x_1^{(m)}, x_1^{(n)})^2 + d_2(x_2^{(m)}, x_2^{(n)})^2} < \varepsilon$$
したがって
$$d_1(x_1^{(m)}, x_1^{(n)}) < \varepsilon$$
$$d_2(x_2^{(m)}, x_2^{(n)}) < \varepsilon$$
が成り立ち，点列
$$x_1^{(1)}, x_1^{(2)}, x_1^{(3)}, \ldots \ldots \qquad ①$$
$$x_2^{(1)}, x_2^{(2)}, x_2^{(3)}, \ldots \ldots \qquad ②$$
はともに基本列である．

仮定によって X_1, X_2 は完備だから ①, ② はそれぞれ X_1, X_2 の点 a_1, a_2 に収束する. したがって点列 $\{x^{(n)}\}$ も

$$点 \quad a = (a_1, a_2)$$

に収束する.

×   ×

距離空間は, 完備であっても, コンパクトとは限らなかった. では完備のほかに, どんな条件をつければコンパクトになるか. その条件は, 実はプレコンパクトという条件である. すなわち

完備 and プレコンパクト $\iff$ コンパクト

これをあきらかにする準備として, プレコンパクトと基本列との関係をあきらかにしておこう.

距離空間 (X, d) において

プレコンパクト $\iff$ X の任意の点列には, 部分列で基本列になるものがある.

$\Rightarrow$ と $\Leftarrow$ の 2 つに分けて証明してみる.

$\Rightarrow$ の証明

(X, d) はプレコンパクトであるとする. この任意の数列を $\{x_n\}$ とし, この数列から基本数列を選び出すことができればよい. とはいっても, それは簡単にはできない. ちょっとした技巧が必要である.

X はプレコンパクトなのだから, 任意の正数 ε に対して, 直径が ε より小さい有限集合の被覆が存在する. すなわち

$$X = U_1(\varepsilon) \cup U_2(\varepsilon) \cup \cdots \cup U_m(\varepsilon) \qquad ①$$

そこで, ε に $1, \dfrac{1}{2}, \dfrac{1}{3}, \cdots$ を順に与え, 次の点列を作る.

$\varepsilon = 1$ のとき, ① の被覆の集合中には $\{x_n\}$ の無限部分列を含むものがあるから, それを $U(1)$ とし, その部分列を

$$x_{11}, x_{12}, x_{13}, \cdots \qquad (x_{1n} \in U(1))$$

とする.

$\varepsilon = \dfrac{1}{2}$ のとき ② の被覆の集合中には $\{x_{1n}\}$ の無限部分列を含むものがあるか

ら，それを $U\left(\dfrac{1}{2}\right)$ とし，その部分列を

$$x_{21}, x_{22}, x_{23}, \cdots \qquad \left(x_{2n} \in U\left(\dfrac{1}{2}\right)\right) \qquad ③$$

とする．

$\varepsilon = \dfrac{1}{3}$ のとき同様にして

$$x_{31}, x_{32}, x_{33}, \cdots \qquad \left(x_{3n} \in U\left(\dfrac{1}{3}\right)\right)$$

以下同様のことを反復する．

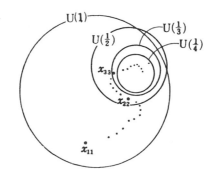

U(1) に含まれる $x_{11}, x_{12}, x_{13}, \cdots$

$U\left(\dfrac{1}{2}\right)$ に含まれる $x_{21}, x_{22}, x_{23}, \cdots$

$U\left(\dfrac{1}{3}\right)$ に含まれる $x_{31}, x_{32}, x_{33}, \cdots$

　　……………………………

　　……………………………

このようにして作った部分列から，対角線にそうて点を取り出し，点列

$$x_{11}, x_{22}, x_{33}, \cdots$$

を作ってみよ．

この点列から 2 点 x_{ii}, x_{jj} $(i<j)$ を取り出してみると，2 点はともに $U\left(\dfrac{1}{i}\right)$ に含まれるから

$$d(x_{ii}, x_jx_j)$$

は，$U\left(\frac{1}{i}\right)$ の直径 $\frac{1}{i}$ よりは小さい．

$$d(x_{ii}, x_{jj}) < \frac{1}{i} \quad (i<j)$$

そこで，任意の正の数 ε に対して，$\frac{1}{N} < \varepsilon$，すなわち $\frac{1}{\varepsilon} < N$ をみたすように，N を選ぶならば

$i, j > N$ のとき

$$d(x_{ii}, x_{jj}) < \frac{1}{i} < \frac{1}{N} < \varepsilon$$

となるから，点列 $\{x_{nn}\}$ は基本列の条件をみたす．

<u>⇐ の証明</u>

対偶法による．それには，Xがプレコンパクトでないとすると，基本列を部分列にもたないある点列 $\{x_n\}$ が存在することを示せばよい．それには，ある ε に対して，どんな N を選んでも

$i, j > N$ でかつ $d(x_i, x_j) > \varepsilon$

をみたす，i, j が存在することを示せばよい．

仮定によって，Xはプレコンパクトではないから，ある ε に対しては，有限個の $\frac{\varepsilon}{2}$ 近傍の被覆

$$U_1, U_2, \cdots, U_n \quad (\delta(U_i) < \varepsilon)$$

が存在しない．

したがって，次のような点列を作ることができる．

x_1 …… U_1 に属する点

x_2 …… U_1 に属さない点

x_3 …… $U_1 \cup U_2$ に属さない点

x_4 …… $U_1 \cup U_2 \cup U_3$ に属さない点

　　　………………………………

　　　………………………………

このように作った点列

$$x_1, x_2, x_3, \cdots$$

から，異なる2点 x_i, x_j をとってみると

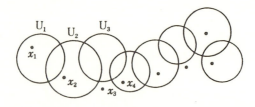

$$d(x_i, x_j) \geqq \varepsilon$$

をみたす．したがって点列 $\{x_n\}$ の部分列には基本列がない．

ようやく証明が終った．

×   ×

この定理があれば，目指す，次の定理はたやすく導かれる．

> 距離空間において
>
> コンパクト $\iff$ $\begin{cases} \text{プレコンパクト} \\ \quad \text{and}\ \ \text{完備} \end{cases}$

$\Rightarrow$ の証明

コンパクトならば完備であることは，前前の定理であきらかにした．

また，コンパクトならば，プレコンパクトであることは，**第9章**で証明した．したがって $\Rightarrow$ は正しい．

$\Leftarrow$ の証明

Xの任意の点列を $\{x_n\}$ とする．

仮定によって，Xはプレコンパクトだから，$\{x_n\}$ の部分列に基本列のものがある．

さらに仮定によって，Xは完備だから，その基本列は収束する．

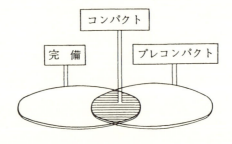

したがって，$\{x_n\}$ は収束する部分列をもち，X はコンパクトになる．
前頁の図は，以上で知った定理を図解したものである．

● 3. ノルム空間からバナッハ空間へ

ノルムというのは，実数における絶対値を一般化した概念である．
この絶対値の性質をひろい出してみると，次の4つにまとめられる．

(0) $|x| \geqq 0$

(1) $|x|=0 \iff x=0$

(2) $|\lambda x|=|\lambda||x|$

(3) $|x+y| \leqq |x|+|y|$

これに似た概念はベクトルにもあった．

ベクトル空間 V に内積 xy が定義されておれば，ベクトル x の大きさは $\sqrt{x^2}$ によって表わされる．

高校では x の大きさを $|x|$ で表わすが，ここでは実数の絶対値と区別するために $\|x\|$ で表わし，その性質を列記してみる．

N_0　$\|x\| \geqq 0$

N_1　$\|x\|=0 \iff x=\boldsymbol{0}$

N_2　λ が実数のとき
$$\|\lambda x\|=|\lambda|\|x\|$$

N_3　$\|x+y\| \leqq \|x\|+\|y\|$

いずれも内積の性質から導かれることは，高校で習ったはずである．

2組の法則をくらべてみると，非常に似ている．このベクトルの大きさは，実数の絶対値の概念を一般化したもので，**ノルム** (norm) と呼ばれている．

一般のベクトル空間には内積があるとは限らないから，ベクトルのノルムは，内積によって定義できるとは限らない．それで，一般のベクトル空間では，以上の $N_0 \sim N_3$ をみたす $\|\ \|$ をもってノルムと定義する．

×　　　　　　　　　　　　×

ベクトルについては高校で習ったとしても，ベクトル空間という用語には，親しみの浅い読者もおることであろう．

集合 X が次の条件をみたすとき，**ベクトル空間**といい，X の元をベクトルと

いうのである．

(i) Xは加法について可換群をなす．

すなわち

○ $x, y \in X$ のとき $x+y \in X$

○ $x+y=y+x$

○ $(x+y)+z=x+(y+z)$

○ $x+0=0+x=x$ をみたす零元 0 が 1 つだけある．

○ $x+(-x)=(-x)+x=0$ をみたす反ベクトル $-x$ が x に対応して 1 つずつある．

(ii) Xの元と実数 λ, μ との積については，次の条件をみたす．

○ $x \in X$ のとき $\lambda x \in X$

○ $\lambda(\mu x)=(\lambda \mu) x$

○ $(\lambda+\mu) x=\lambda x+\mu x$

○ $\lambda(x+y)=\lambda x+\lambda y$

○ $1 \cdot x = x$

ベクトル空間Xにおけるノルムは，XからRへの写像である．

$$\| \ \| : X \longrightarrow R$$

そして，先の $N_1 \sim N_4$ をみたすものと定義する．

なおベクトル空間 X にノルム $\| \ \|$ が定義されているときは，**ノルム空間**といい，記号では

$$(X, \| \ \|)$$

と略記する．

×　　　　　　　　　×

実数では，絶対値を用いて，距離は

$$d(x, y)=|x-y|$$

と定義された．

ベクトル空間Xでは，ノルムを用いて距離が定義される．

$$d(x, y)=\|x-y\|$$

これが，距離の条件をみたすことを確めるのはやさしい．

D_0　$d(x, y) \geq 0$

D_1　$d(x, y) = 0 \iff x = y$
D_2　$d(x, y) = d(y, x)$
D_3　$d(x, z) \leq d(x, y) + d(y, z)$

ノルムによって定義した距離は，距離のうちでも特殊なもので，次の等式もみたす．

D_4　$d(x+z, y+z) = d(x, y)$
D_5　$\lambda \in \mathbf{R}$ のとき　$d(\lambda x, \lambda y) = |\lambda| d(x, y)$

証明は読者におまかせしよう．

ノルム空間について，二三の例題を取り上げてみよう．

例1　ノルム空間 $(X, \| \ \|)$ において
$$\lim_{n \to \infty} x_n = x \text{ ならば } \lim_{n \to \infty} \|x_n\| = \|x\|$$

証明は簡単である．

$\lim_{n \to \infty} x_n = x$ ならば，任意の正の数 ε に対し，適当な番号 N を選ぶと

　　$n > N$ ならば　$d(x_n, x) < \varepsilon$

　　$\therefore \ \|x_n - x\| < \varepsilon$ 　　　　　　　　　　　①

一方ノルムの性質 N_3 から

$$\|x_n\| = \|x_n - x + x\|$$
$$\leq \|x_n - x\| + \|x\|$$
$$\therefore \ \|x_n\| - \|x\| \leq \|x_n - x\|$$

同様にして

$$\|x\| - \|x_n\| \leq \|x_n - x\|$$

であるから，まとめて

$$|\|x_n\| - \|x\|| \leq \|x_n - x\|$$

これと①とから

　　$n > N \Rightarrow |\|x_n\| - \|x\|| < \varepsilon$

したがって $\|x_n\|$ は $\|x\|$ に収束する．

例2　ノルム空間 $(X, \| \ \|)$ において，$\mathbf{R} \times X$ から X への写像
$$f : (\lambda, x) \longrightarrow \lambda x$$
は連続写像である．

ε, δ-方式によらない略式の証明をあげる.

$(\lambda, x) \to (\lambda_0, x_0)$ ならば
$$d((\lambda, x), (\lambda_0, x_0)) = \sqrt{|\lambda_0 - \lambda|^2 + \|x_0 - x\|^2} \to 0$$
$$\therefore \quad |\lambda_0 - \lambda| \to 0, \quad \|x_0 - x\| \to 0 \qquad ①$$
$$d(\lambda x, \lambda_0 x_0) = \|\lambda_0 x_0 - \lambda x\|$$
$$= \|\lambda_0(x_0 - x) + (\lambda_0 - \lambda) x_0 - (\lambda_0 - \lambda)(x_0 - x)\|$$
$$\leq |\lambda_0| \|x_0 - x\| + |\lambda_0 - \lambda| \|x_0\| + |\lambda_0 - \lambda| \|x_0 - x\|$$

この最後の式は, ① のとき 0 に収束するから
$$d(\lambda x, \lambda_0 x_0) \longrightarrow 0$$
$$\therefore \quad \lambda x \longrightarrow \lambda_0 x_0$$

× ×

ノルム空間のうちとくに, 完備であるものを**バナッハ** (Banach) **空間**という. くわしくいうと, ノルム $\| \ \|$ をもつ空間Xで, そのノルムによって距離 d を定義したとき, 距離空間 (X, d) が完備になることである. 距離 d を定義するのに, もとのノルムを用いることが条件になっている.

バナッハ空間の平凡な例は, 実ベクトル空間に, 高校の数学の流儀で, ベクトルの大きさを導入したものである.

たとえば, 3次元空間 R^3 の場合ならば, ベクトル
$$x = (x_1, x_2, x_3)$$
の大きさ(ノルム)を
$$\|x\| = \sqrt{x_1^2 + x_2^2 + x_3^2}$$
によって定めれば, ノルム空間になる.

そして, このノルムによって, 2点 x, y の距離を
$$d(x, y) = \|x - y\|$$
によって定めれば, これは実はユークリッドの距離そのもので, $(R^3, \| \ \|)$ はユークリッド空間と一致する.

この空間が完備であることは, 1次元の空間 $(R, \| \ \|)$ を用いて容易に証明できる. したがってバナッハ空間である.

説明を簡単にするため, 3次元で考えたが, 以上のことを n 次元の場合へ一般化するのはやさしい. したがって, $(R^n, \| \ \|)$ すなわち, n 次元ユークリッ

ド空間はバナッハ空間である.

● 4. ヒルベルト空間

n 次元のノルム空間を，無限次へ拡張したのが，解析学で重要な**ヒルベルト空間**である.

実数の数列
$$x_1, x_2, x_3, \cdots$$
に対応して，無元次のベクトル
$$\boldsymbol{x} = (x_1, x_2, x_3, \cdots)$$
を考える.

→注 ここから後ではベクトルを太字で表わすことにする.

ただし，無条件ではない．級数
$$|x_1|^2 + |x_2|^2 + |x_3|^2 + \cdots$$
が収束(有限確定)するもののみを選び，このようなベクトルの全体をふつう $l^{(2)}$ で表わす.

たとえば
$$\boldsymbol{a} = \left(1, \frac{1}{2}, \frac{1}{2^2}, \cdots\right)$$
では
$$|1|^2 + \left|\frac{1}{2}\right|^2 + \left|\frac{1}{2^2}\right|^2 + \cdots$$
すなわち
$$1 + \frac{1}{4} + \frac{1}{4^2} + \cdots$$
は $\frac{4}{3}$ に収束するから，$\boldsymbol{a}$ は $l^{(2)}$ の元である.

また
$$\boldsymbol{b} = \left(1, \frac{1}{2}, \frac{1}{3}, \cdots\right)$$
では
$$|1|^2 + \left|\frac{1}{2}\right|^2 + \left|\frac{1}{3}\right|^2 + \cdots$$
すなわち

$$1+\frac{1}{2^2}+\frac{1}{3^2}+\cdots$$

は収束するから，b は $l^{(2)}$ の元である．

　しかし

$$c=\left(1, \frac{1}{\sqrt{2}}, \frac{1}{\sqrt{3}}, \cdots\right)$$

では

$$|1|^2+\left|\frac{1}{\sqrt{2}}\right|^2+\left|\frac{1}{\sqrt{3}}\right|^2+\cdots$$

すなわち

$$1+\frac{1}{2}+\frac{1}{3}+\cdots$$

は収束しないから，c は $l^{(2)}$ の元ではない．

　加法と実数倍は，n 次元のベクトルの場合にならって定めればよい．

　すなわち $l^{(2)}$ の2つの元を

$$x=(x_1, x_2, \cdots)$$
$$y=(y_1, y_2, \cdots)$$

任意の実数を λ とするとき

$$x+y=(x_1+y_1, x_2+y_2, \cdots)$$
$$\lambda x=(\lambda x_1, \lambda x_2, \cdots)$$

によって定める．

　このように定めた演算について，$l^{(2)}$ が閉じているかどうかは吟味してみないとわからない．というのは $l^{(2)}$ の元には，級数の収束の条件がついていたからである．

　加法の場合

不等式 $|x_k+y_k|^2 \leqq 2(|x_k|^2+|y_k|^2)$ が成り立つから，$\sum\limits_{k=1}^{n}$ を $\sum$ と略記すると

$$\sum|x_k+y_k|^2 \leqq 2(\sum|x_k|^2+\sum|y_k|^2)$$

ところが，$\sum|x_k|^2, \sum|y_k|^2$ はそれぞれ収束するから，極限値をそれぞれ a, b とすると

$$\sum|x_k+y_k|^2 \leqq a+b$$

したがって，左辺も収束するから，$x+y$ は $l^{(2)}$ に属する．

実数倍の場合

不等式 $|\lambda x_k|^2 = \lambda^2 |x_k|^2$ から
$$\sum |\lambda x_k|^2 = \lambda^2 \sum |x_k|^2 = \lambda^2 a$$

したがって，左辺も収束し，$\lambda \boldsymbol{x}$ は $l^{(2)}$ に属する．

これで，$l^{(2)}$ は加法と実数倍について閉じていることがあきらかにされた．

ベクトル空間であるためのその他の条件もどうようにして確められるから，$l^{(2)}$ はベクトル空間である．

このベクトル空間で，$\boldsymbol{x}$ のノルムは
$$\|\boldsymbol{x}\| = \sqrt{|x_1|^2 + |x_2|^2 + \cdots}$$
によって定義する．

これは，はたしてノルムの条件をみたすか．

N_0, N_1, N_2 は自明に近いから，N_3 を証明すれば十分である．

N_3 は
$$\|\boldsymbol{x} + \boldsymbol{y}\| \leq \|\boldsymbol{x}\| + \|\boldsymbol{y}\| \qquad ①$$
すなわち
$$\sqrt{\sum |x_k + y_k|^2} \leq \sqrt{\sum |x_k|^2} + \sqrt{\sum |y_k|^2} \qquad ②$$
であるから，これを証明すればよい．

n 次元ベクトルの場合に
$$\sqrt{\sum_{k=1}^{n} |x_k + y_k|^2} \leq \sqrt{\sum_{k=1}^{n} |x_k|^2} + \sqrt{\sum_{k=1}^{n} |y_k|^2} \qquad ③$$
が成り立つことは，コーシーの不等式を用いて証明できる．

したがって，③ で $n \to \infty$ とすることによって ②，すなわち ① が成り立つ．

以上によって，$l^{(2)}$ はノルム空間であることがあきらかになった．

もちろん，2 点 $\boldsymbol{x}, \boldsymbol{y}$ の距離はノルム $\|\ \|$ を用い
$$d(\boldsymbol{x}, \boldsymbol{y}) = \|\boldsymbol{x} - \boldsymbol{y}\|$$
によって定める．

このヒルベルト空間は，完備であり，したがってバナッハ空間であることを明らかにするのが，次の課題である．

ヒルベルト空間 $l^{(2)}$ はバナッハ空間である．

この証明の内容はそれほどむずかしくないが，文字の数が多いために，サフィックスのつけ方が2重になってわかりにくい．

目標は，$l^{(2)}$ の任意の基本列

$$\boldsymbol{x}^{(1)}, \boldsymbol{x}^{(2)}, \cdots, \boldsymbol{x}^{(n)}, \cdots \tag{①}$$

は収束することの証明にある．

①の要素は，次のように表わしておく．（ただし $\boldsymbol{a}$ およびその要素はあとから追加するもの）

$$\boldsymbol{x}^{(1)} = (x_1^{(1)}, x_2^{(1)}, \cdots, x_k^{(1)}, \cdots)$$
$$\boldsymbol{x}^{(2)} = (x_1^{(2)}, x_2^{(2)}, \cdots, x_k^{(2)}, \cdots)$$
$$\cdots\cdots\cdots\cdots\cdots\cdots\cdots\cdots$$
$$\boldsymbol{x}^{(n)} = (x_1^{(n)}, x_2^{(n)}, \cdots, x_k^{(n)}, \cdots)$$
$$\cdots\cdots\cdots\cdots\cdots\cdots\cdots\cdots$$
$$\cdots\cdots\cdots\cdots\cdots\cdots\cdots\cdots$$
$$\downarrow \downarrow \downarrow$$
$$\boldsymbol{a} \;=\; (a_1, \quad a_2, \cdots\cdots, a_k, \cdots\cdots)$$

① は基本列であるから，任意の ε に対して，N を適当にとると

$$i, j > N \;\Rightarrow\; d(\boldsymbol{x}^{(i)}, \boldsymbol{x}^{(j)}) < \varepsilon \tag{②}$$

が成り立つ．

ところが

$$d(\boldsymbol{x}^{(i)}, \boldsymbol{x}^{(j)}) = \|\boldsymbol{x}^{(i)} - \boldsymbol{x}^{(j)}\|$$
$$= \sqrt{\sum_{k=1}^{\infty} |x_k^{(i)} - x_k^{(j)}|^2} \geqq |x_k^{(i)} - x_k^{(j)}|$$

であるから，② によって

$$i, j > N \;\Rightarrow\; |x_k^{(i)} - x_k^{(j)}| < \varepsilon$$

が成り立つ．

これは，数列

$$x_k^{(1)}, x_k^{(2)}, \cdots$$

が R における基本列であることを意味する．すでに知ったように，R は完備であるから，上の基本列は収束する．そこで

$$\lim_{n \to \infty} x_k^{(n)} = a_k \quad (k = 1, 2, \cdots)$$

とおき，これを要素にもつベクトル
$$\boldsymbol{a} = (a_1, a_2, \cdots, a_k, \cdots)$$
を作る．

ここまでくれば，証明することは，次の2つに要約される．

(1) $\boldsymbol{a}$ は $l^{(2)}$ に属すること
(2) 基本列 $\{\boldsymbol{x}^{(n)}\}$ は $\boldsymbol{a}$ に収束すること

(2) を証明するには
$$d(\boldsymbol{a}, \boldsymbol{x}^{(n)}) = \|\boldsymbol{a} - \boldsymbol{x}^{(n)}\|$$
$$= \sqrt{\sum_{k=1}^{\infty} |a_k - x_k^{(n)}|^2} \longrightarrow 0$$

すなわち，任意の正の数 ε に対して，N を適当に選び
$$n > N \Rightarrow \sum_{k=1}^{\infty} |a_k - x_k^{(n)}|^2 \leqq \varepsilon^2$$
が成立するようにできることを示せばよい．

$\{\boldsymbol{x}^{(k)}\}$ は基本列であったから，正の数 ε に対して N を適当にとると ③
$$m, n > N \Rightarrow \|\boldsymbol{x}^{(m)} - \boldsymbol{x}^{(n)}\| < \varepsilon$$
すなわち
$$\sum_{k=1}^{\infty} |x_k^{(m)} - x_k^{(n)}|^2 < \varepsilon^2$$
したがって当然
$$\sum_{k=1}^{l} |x_k^{(m)} - x_k^{(n)}|^2 < \varepsilon^2$$
は成り立つ．

ここで，$m \to \infty$ とすると $x_k^{(m)} \to a_k$ だから
$$\sum_{k=1}^{l} |a_k - x_k^{(n)}|^2 \leqq \varepsilon^2$$
さらに，$l \to \infty$ とすると
$$\sum_{k=1}^{\infty} |a_k - x_k^{(n)}|^2 \leqq \varepsilon^2$$
すなわち ③ は成り立ち，したがって (2) は証明された．

残された (1) を証明するには $\sum_{k=1}^{\infty} |a_k|^2$ が収束することを示せばよい．

$$|a_k|^2 = |(a_k - x_k{}^{(n)}) + x_k{}^{(n)}|^2$$
$$\leq (|a_k - x_k{}^{(n)}| + |x_k{}^{(n)}|)^2$$
$$\leq 2|a_k - x_k{}^{(n)}|^2 + 2|x_k{}^{(n)}|^2$$

したがって

$$\sum_{k=1}^{\infty} |a_k|^2 \leq 2 \sum_{k=1}^{\infty} |a_k - x_k{}^{(n)}|^2 + 2 \sum_{k=1}^{\infty} |x_k{}^{(n)}|^2$$
$$\leq 2\varepsilon^2 + 2\|\boldsymbol{x}^{(n)}\|^2$$

この式から $\sum_{k=1}^{\infty} |a_k|^2$ は収束する．したがってベクトル $\boldsymbol{a}$ は $l^{(2)}$ に属する．

×   ×

以上で，ようやく証明が終った．かなり親切に説明した積りである．わかって頂けたかどうか．

証明の途中で，ごく初歩の不等式

$$(A+B)^2 \leq 2A^2 + 2B^2$$

を用いた．

● 練 習 問 題 ●

1. ノルム空間 $(X, \|\ \|)$ における関数
$$d(x, y) = \|x - y\|$$
は，距離の条件 $D_0 \sim D_3$，および，次の等式をみたすことを証明せよ．
   D_4　$d(x+z, y+z) = d(x, y)$
   D_5　$\lambda \in R$ のとき $d(\lambda x, \lambda y) = |\lambda| d(x, y)$

2. ノルム空間 $(X, \|\ \|)$ において X から R への関数 $x \to \|x\|$ は一様連続であることを証明せよ．

3. ノルム空間 $(X, \|\ \|)$ において
     $X \times X$ から X への写像
   $(x, y) \to x + y$ は連続写像であることを証明せよ．

4. n 次元のベクトル $\boldsymbol{x}, \boldsymbol{y}$ について，次の不等式を証明せよ．
$$\|\boldsymbol{x} + \boldsymbol{y}\| \leq \|\boldsymbol{x}\| + \|\boldsymbol{y}\|$$
   ただし $\boldsymbol{x} = (x_1, x_2, \cdots, x_n)$ において
$\|\boldsymbol{x}\| = \sqrt{x_1^2 + x_2^2 + \cdots + x_n^2}$ とする．

──ヒント──

1. D_3　$\|x-z\| \leq \|(x-y)+(y-z)\|$
　　　　　　$\leq \|x-y\|+\|y-z\|$
　D_4　$\|(x+z)-(y+z)\|=\|x-y\|$
　D_5　$\|\lambda x-\lambda y\|=|\lambda|\|x-y\|$

2. $|\|x\|-\|y\|| \leq \|x-y\|=d(x,y)$
　ε に対して，ε より小さい δ をとるとつねに $d(x,y)<\delta$ のとき $|\|x\|-\|y\||<\varepsilon$

3. $\|(x+y)-(x_0+y_0)\| \leq \|x-x_0\|+\|y-y_0\|$
　　　　　　　　$\leq 2\sqrt{\|x-x_0\|^2+\|y-y_0\|^2}$
　ε に対して，$\dfrac{\varepsilon}{2}$ より小さく δ をとる．

4. $n=2$ のときの式を示す．
　$\boldsymbol{x}=(x_1,x_2),\ \boldsymbol{y}=(y_1,y_2)$
　$\sqrt{(x_1+y_1)^2+(x_2+y_2)^2} \leq \sqrt{x_1^2+x_2^2}+\sqrt{y_1^2+y_2^2}$
　両辺を平方し，簡単にすると
　$x_1y_1+x_2y_2 \leq \sqrt{x_1^2+x_2^2}\sqrt{y_1^2+y_2^2}$
　よって
　$(x_1y_1+x_2y_2)^2 \leq (x_1^2+x_2^2)(y_1^2+y_2^2)$
　を証明すればよい．

第11章 位相空間の構成

● 1. 定式化のための逆転劇

　この講座も終りが近づいてきた．バナッハ空間について書きたいことが残っているが，それをやっていたのでは，位相空間を一般に構成することが落ちる．それでは画竜点睛を欠くことになろう．

　この講座はもともと，トポロジーの初歩の見せ場の紹介にあった．「なるほど，トポロジーとはそんなものか」といったおぼろげなイメージができ，この方面に対する興味がわけば，目的は達せられたとしなければならない．それにはどうしても，一般の位相空間を抽象的に構成することに触れる必要がある．

　東京の案内にたとえれば，この講座の目的は，東京の主な交通網――山手線と中央線――の利用と，主な盛り場の紹介になろう．銀座，浅草，上野，新宿，池袋，渋谷の紹介は済んだようだ．盛り場ではないが，国会議事堂と官庁街の紹介が残っている．これには，穴場探訪のようなおもしろみはないが，中央集権のシンボルをかいまみる好奇心をみたしてくれよう．これが，一般の位相空間の抽象的構成である．

1. 定式化のための逆転劇

　どんなすぐれた大工といえども，道具なしで家を建てることはできない．空間に位相を与える場合の数学者の立場も同じことである．数学者にとって，欠くことのできない道具とは，具体例のことである．たねのないとこに芽が出るはずがない．豊富な具体例をもたずに，抽象化，一般化を試みることはできない．

　われわれは，実数という身近かな具体例を最初に取り挙げ，それを足がかりとして，距離空間へふみ込んだ．

　実数は四則演算が可能であり，その上大小関係と絶対値がある．それに小学校以来親しんできた強みもあって，その中の位相的性質を探るのはやさしかった．しかし，このやさしさは見かけ倒しである．というのは，いろいろの概念がもつれ合っているために，ある1つの概念を取り出して，純粋に培養するのがむづかしいからである．

　そこで，われわれは，四則演算や大小関係を捨て，距離のみ考えられるような空間を考え，その中で，どんな位相的性質が取扱いうるかをさぐった．その結果知ったことは，距離は意外と強力な概念で，位相空間としては，かなり特殊なものを作り挙げるのをみた．

　ノルム空間は，距離空間の特殊なもので，線型演算ができるために，ユークリッド空間(実数)の方向への逆もどりになる．

　そこで当然，位相空間を抽象的に構成する道は，距離空間を足がかりとして，一気に抽象のハシゴを登ることである．

　数学の抽象化で重要なことは，具体例から出発しながら，具体例を忘れて再出発する心構えである．

　距離の概念を定式化したときの順序を振り返ってみよう．

　はじめにユークリッド空間の距離がどんな性質をもっているかを調べ，4つの条件にまとめた．

D_0. $d(x, y) \geqq 0$

D_1. $d(x, y) = 0 \iff x = y$

D_2. $d(x, y) = d(y, x)$

D_3. $d(x, z) \leqq d(x, y) + d(y, z)$

次に何をやったか．そこがたいせつ．立場の180°の逆転を試み，これらの4条件をみたすものを距離と呼ぶことにした．
　すなわち集合Xがあるとき

　　　　X×X から R（実数）への写像 d

が，もしも，上の条件をみたすならば，d がどんな写像であろうと，それを距離という定義をした．このような明確な定義の仕方を，数学では**定式化**というのである．
　位相空間の定式化にあたっても，これに似た逆転劇を再演すればよい．

● 2. 位相の定め方

距離空間には，

　　　　開集合，閉集合，近傍，閉包

など，いろいろの位相的概念があった．これらは，人間ならば兄弟のようなもので，序列や差別をつけにくい．親がわが子を差別するのは教育上好ましくない．とはいっても，親が老後世話になる子を定めないのも不安なもので，長男に頼る親が多いようだ．
　上の位相的概念で，長男にあたるのは開集合であろう．もっとも，世間には，女の子がよいという人もいるし，一番頼りになる子を選ぶ人もいる．開集合の代りに近傍を選んでも，閉包を選んでもよい．それは人の好みの問題といえるが，開集合を選ぶ人が多いから，長男にたとえたのである．

　　　　　　　　×　　　　　　　　　×

距離空間で，開集合にはどんな性質があったか．それを列記することから出発する．
　距離空間 X の開集合には次の性質があった．
　(i)　X, ϕ は開集合である．
　(ii)　有限個の開集合の共通部分は開集合である．
　(iii)　任意個（有限個または無限個）の開集合の合併は開集合である．
→注　(ii) は「O_1, O_2 が開集合ならば，$O_1 \cap O_2$ は開集合である」としても同じこと．
　　　(iii) の無限は可算でも非可算でもよい．
　ここで，われわれは逆転劇にうつる．

どんなものの集合でもよい．とにかく空でない1つの集合Xがあるとする．

Xのある部分集合族**O**が，次の条件をみたすとき，**O**はXに1つの**位相**または**位相構造**を定めるということにする．

(i) X, ϕ は**O**に属する．
(ii) **O**の有限個の元の共通部分は**O**に属する．
(iii) **O**の任意個の元の合併は**O**に属する．

上のようにして位相の定められた集合Xを**位相空間**といい，Xの元を**点**という．また**O**の元（Xの部分集合）を，Xの**開集合**ということにする．

これが，位相，位相空間，開集合の定式化である．したがって，ひとたび，このように定めてしまえば，これらの条件をみたす集合Xがあれば，それは，たとえどんな集合であれ，位相空間で，そのときの部分集合族**O**の元はXの開集合である．

意外なものが位相空間になったり，開集合になったりする．これ定式化の運命であるが，この運命は生産的で，現代数学の方法の主柱をなすのである．意外なものだけでなく，当然なものも含まれ，さらに条件を追加することによって，目ざす構造を作り出す道が開けるからである．

さて，どんな意外なものが現れるか．

例1 Xが2つの元をもつ集合

$$X = \{a, b\}$$

のとき，すべての部分集合の集り，すなわちべき集合は，Xに位相を与える．

なぜかというに，べき集合を**O**とすると，**O**は，先の3条件をみたすからである．

$$\mathbf{O} = \{\phi, \{a\}, \{b\}, X\}$$

すなわち

(1) X, ϕ はあきらかに**O**に属す．
(2) **O**は演算 $\cap$ について閉じていることからあきらか．
(3) **O**は演算 $\cup$ について閉じていることからあきらか．

A \ B	ϕ	$\{a\}$	$\{b\}$	X
ϕ	ϕ	ϕ	ϕ	ϕ
$\{a\}$	ϕ	$\{a\}$	ϕ	$\{a\}$
$\{b\}$	ϕ	ϕ	$\{b\}$	$\{b\}$
X	ϕ	$\{a\}$	$\{b\}$	X

Xに位相を定めうるのは**O**だけではない．**O**の一部分をとった，次の集合族もXに位相を定める．

$\mathbf{O}_0 = \{\phi, X\}$

$\mathbf{O}_1 = \{\phi, \{a\}, X\}$

$\mathbf{O}_2 = \{\phi, \{b\}, X\}$

→**注** この例は，距離空間としてみると，離散空間に対応する位相である．すなわちXに距離

$$d(x, y) = \begin{cases} 1 & (x \neq y) \\ 0 & (x = y) \end{cases}$$

を与えてみると，部分集合 $\phi, \{a\}, \{b\}, X$ はいずれも，距離空間における開集合である．

Xに，どの2点間の距離も0になるような距離（密着距離という）を導入してみると，ϕ とXのみが開集合になり，Xに位相を与える部分集合族は $\{\phi, X\}$ のみになる．

例2 Xが3つの元をもつ場合

$X = \{a, b, c\}$

例1の場合と同じ理由で，べき集合

$\mathbf{O} = \{\phi, \{a\}, \{b\}, \{c\}, \{a,b\}, \{a,c\},$
$\{b,c\}, X\}$

はXに位相を与える．

このほかに**O**の一部分で，Xに位相を与えるものがたくさんある．たとえば

$\{\phi, X\}$

$\{\phi, \{a\}, \{a,b\}\}$

$\{\phi, \{a\}, \{a,c\}, \{a,b\}, X\}$

このようにXに位相を与える部分集合は，全部で29個ある．

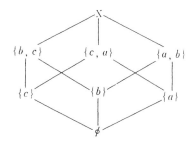

● 3. いろいろの作用子

距離空間には,開集合のほかに,

　　閉集合,内部,外部,閉包

など,いろいろの位相的概念があった.これらの概念をどのようにして定式化するか.

定式化にあたって頼りになるのは,次の2つに過ぎない.

集合Xに関して……集合算の知識

集合族 **O** に関して…**O** の元は,開集合

そこで,これらの知識をもとにして,上の位相的概念を定式化すればよい.その順序はいろいろ考えられる.

閉集合

開集合の補集合として定義すればよい.

位相空間 $(X, \mathbf{O})$ において,X のある部分集合 A の補集合 A^c が開集合 ($A^c \in \mathbf{O}$) ならば,A を **閉集合** という.

$$A は閉集合 \iff A^c \in \mathbf{O}$$

このように定めた閉集合が,次の条件をみたすことは,集合算の知識からやすく導かれる.

(i)　X, ϕ は閉集合である.
(ii)　有限個の閉集合の合併は閉集合である.
(iii)　任意個の閉集合の共通部分は閉集合である.

これらの証明のうち (i) と (ii) はやさしい. (iii) は,無限個の集合に関する

ド＝モルガン の法則の成立を認めなければならない．

開核（内部）

位相空間 $(X, \mathbf{O})$ があるとき，X の部分集合 A に対して，A に含まれるすべての開集合の合併を A の**開核**（または**内部**）といい

$$A^i \quad (\text{または } A^\circ)$$

で表わす．

すなわち

$$A^i \iff \begin{cases} \text{A に含まれるすべての} \\ \text{開集合の合併} \end{cases}$$

いいかえれば，A^i は A に含まれる開集合のうち最大のものである．

X の部分集合 A に，その開核 A^i を対応させるのは

X のべき集合から X のべき集合への 写像である．この写像を**開核作用子**という．

この開核作用子には，次の4つの性質のあることが容易に導かれる．

- (i)　$X^i = X$
- (ii)　$A^i \subset A$
- (iii)　$A^{ii} = A^i$
- (iv)　$(A \cap B)^i = A^i \cap B^i$

なお，このほかに，次の性質も，あとでしばしば使うから重要である．

（Ⅰ）　X の部分集合 A が開集合であるための条件は A が A の開核に等しいことである．

$$\mathbf{A \text{ が開集合}} \iff \mathbf{A^i = A}$$

以上 (ii) → (Ⅰ) → (i) → (iii) → (iv) の順に証明してみる．

(ii)　開核の定義によると A^i は A の部分集合の合併だから，A^i の元は A のある部分集合に属し，したがって A に属することからあきらか．

（Ⅰ）⇒ の証明

(ii) によって　　$A^i \subset A$

また A は開集合だから，開核の定義を考慮すると，A の開集合族の中に A が属し，それらの合併が A^i なのだから，

$$A^i \supset A$$
$$\therefore \quad A^i = A$$

⇐ の証明

A^i は開集合の合併である．ところが開集合の定義によって，その合併もまた開集合であったから A^i は開集合である．よって $A^i = A$ から A は開集合である．

(ii) 開集合の定義によって X は開集合であったから（I）によって
$$X^i = X$$

(iii) （I）の証明の途中であきらかにしたように A^i は開集合である．だから（I）によって
$$(A^i)^i = A^i \quad \text{すなわち} \quad A^{ii} = A^i$$

(iv) (ii) によって $A^i \subset A, \ B^i \subset B$
$$\therefore \quad A^i \cap B^i \subset A \cap B$$

一方 A^i, B^i は開集合であるから $A^i \cap B^i$ もまた開集合である．$A \cap B$ に含まれる開集合は $A \cap B$ の開核に含まれるから
$$A^i \cap B^i \subset (A \cap B)^i \qquad ①$$

次に $A \cap B \subset A$ と開核の定義とから
$$(A \cap B)^i \subset A^i$$

同じ理由で $(A \cap B)^i \subset B^i$
$$\therefore \quad (A \cap B)^i \subset A^i \cap B^i \qquad ②$$

① と ② とから
$$(A \cap B)^i = A^i \cap B^i$$

→注 (iv) の証明の途中で，次の性質を用いた．A, B が X の部分集合のとき
$$A \subset B \Rightarrow A^i \subset B^i \quad \text{(単調性)}$$

これもあとでしばしば用いる．

閉包（触集合）

位相空間 $(X, \mathbf{O})$ があるとき，X の部分集合 A に対して，A を含むすべての閉集合の共通部分を，A の**閉包**（または**触集合**）といい
$$A^a \quad (\text{または} \ \bar{A})$$

で表わす．

すなわち

$$A^a \iff \begin{cases} \text{Aを含むすべての} \\ \text{閉集合の共通部分} \end{cases}$$

いいかえれば，A^a はAを含む閉集合のうち最小のものである．

Xの部分集合Aに，その閉包 A^a を対応させるのは

Xのべき集合からXのべき集合への写像

である．この写像を**閉包作用子**という．

この閉包作用子 a には，開核作用子に似た4つの性質がある．すなわち

(i) $\phi^a = \phi$
(ii) $A^a \supset A$
(iii) $A^{aa} = A^a$
(iv) $(A \cup B)^a = A^a \cup B^a$

なお，次の性質もあとでしばしば用いる．

(Ⅱ) Xの部分集合Aが閉集合であるための条件は，AがAの閉包に等しいことである．

$$\text{Aが閉集合} \iff A^a = A$$

➝**注** 閉包については，次の単調性も成り立つ．A, B が X の部分集合のとき

$$A \subset B \Rightarrow A^a \subset B^a \quad (単調性)$$

もう気付いたことと思うが，これらの証明は，閉包の定義を直接用いて試みるよりも，閉包と開核の次の関係を用いるならば，開核の性質から形式的計算によって導かれる．

(Ⅲ) Xの部分集合をAとすると

$$A^{ca} = A^{ic}$$

作用子の関係のみで示せば

$$ca = ic$$

これを証明してみる．

開核の性質から

$$A^i \subset A$$
$$A^{ic} \supset A^c$$

A^i は開集合であったから，A^{ic} は閉集合である．A^c を含む閉集合は，A^c の閉包 A^{ca} に含まれることはあきらかだから

$$A^{ic} \supset A^{ca} \qquad ①$$

次に，閉包の定義からあきらかなように，A^c の閉包 A^{ca} は，A^c を含むから

$$A^{ca} \supset A^c$$

両辺の補集合を求めると

$$A^{cac} \subset A$$

A^{ca} は閉集合であるから，A^{cac} は開集合である．A に含まれる開集合は，A の開核 A^i に含まれるから

$$A^{cac} \subset A^i$$

再び両辺の補集合をとって

$$A^{ca} \supset A^{ic} \qquad ②$$

① と ② から

$$A^{ca} = A^{ic}$$

位相的双対性

開核と閉包の性質をくらべてみればわかるように，両者の間にはきわだった類似点がある．開核の性質の中の $\cap, \supset, i, X$ をそれぞれ $\cup, \subset, a, \phi$ でおきかえると閉包の性質にかわる．したがって，一般に次のことが成り立つ．

> 位相空間 $(X, \mathbf{O})$ において，その部分集合を $\cup, \cap, i, a, \supset, \subset$ によって結びつけた命題 P があるとき，
>
> $\cup$ と $\cap$，$\supset$ と $\subset$，i と a
>
> を互に入れかえた命題を Q とすると，P と Q は同値である．

P と Q は **双対な命題** であるという．

P と Q は同値だから，P と Q は共に真になるか，または共に偽になる．この性質を **位相的双対性** という．

外 部

距離空間のとき試みたように，部分集合 A の **外部** は，A の補集合の開核（内部）と定義すればよい．

したがって，Aの外部を A^e で表わせば
$$A^e = A^{ci}$$
となる．

この式のAを A^c で置きかえてみればわかるように，Aの内部は，Aの補集合の外部でもある．

境界

部分集合Aの閉包と内部との差をAの**境界**という．

Aの境界を A^f で表わせば
$$A^f = A^a - A^i = A^a \cap A^{ic}$$
先に知ったように ic＝ca であったから A^f は
$$A^f = A^a \cap A^{ca}$$
とも表わされる．

内点，外点，触点，境界点

内部，外部，閉包，境界に属する点をそれぞれ**内点**，**外点**，**触点**，**境界点**ということは，距離空間の場合と全く同じである．

位相空間Xは，1つの部分集合Aによって，その内部，境界，外部に分割される．式でかけば
$$X = A^i \cup A^f \cup A^e$$
A^i, A^f, A^e はどの2つも共通部分をもたないから，上の式は直和である．

なお，A^i と A^f との直和は A^a に等しい．

したがって，Xの点は，1つの部分集合によって，次のように分類されるわけである．

$$X の点 \begin{cases} 触点 \begin{cases} 内点 \\ 境界点 \end{cases} \\ 外点 \end{cases}$$

集積点，孤立点

この2種の点は，以上で説明した点とは，異質のものである．集積点と触点とは混同しがちな概念であるから注意を要する．

位相空間Xの点を x，Xの部分集合をAとするとき，点 x がAから点 x を除いた集合の触点であるとき，すなわち

$$x \in \{A-\{x\}\}^a$$

のとき，x は A の **集積点**であるといい，A のすべての集積点の集合を A の**導集合**という．

この定義からただちに，A の集積点は，A の触点であることが導かれる．なぜかというに

$$A-\{x\} \subset A$$
$$\{A-\{x\}\}^c \supset A^c$$

開核作用子 i の単調性によって

$$\{A-\{x\}\}^{ci} \supset A^{ci}$$
$$\therefore \{A-\{x\}\}^{cic} \subset A^{cic}$$

ところが $cic=a$ であったから

$$\{A-\{x\}\}^a \subset A^a$$
$$\therefore x \in \{A-\{x\}\}^a \Rightarrow x \in A^a$$

すなわち，A の集積点は A の触点である．

集積点の定義からわかるように，A の集積点は必ずしも A の点ではない．
A の点のうち，集積点でない点を A の**孤立点**というのである．

$$\text{A の点} \begin{cases} \text{A の集積点} \\ \text{A の弧立点} \end{cases}$$

● 4. 近　傍

距離空間には ε 近傍の概念があり，それをさらに拡張したものとして，ある ε 近傍を含む部分集合 U を近傍とみる考えがあった．

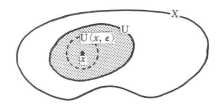

この場合の拡張した意味での近傍は，これからの近傍の定義の足がかりになる．

位相空間 X の点 x に対して，x の属するある開集合 O を含む部分集合 U を，点 x の**近傍**といい，$U(x)$，U_x などとも表わす．すなわち

(Ⅳ) $x \in O \subset U$ をみたす開集合 O が存在 $\iff$ U は x の近傍

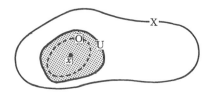

この定義は「部分集合 U の内部に x が属するとき，U を x の近傍という」ことと同じ．

$$U \text{ は } x \text{ の近傍} \iff x \in U^i$$

近傍の性質のうち基本になるものを列記してみよう．

(i) x の近傍に x は属する．
(ii) U, V が x の近傍ならば $U \cap V$ も x の近傍である．
(iii) U が x の近傍で，$U \subset V$ ならば，V も x の近傍である．
(iv) x の任意の近傍 U に対して，次の条件をみたす x の近傍 V が存在する．
　　U は V の任意の点の近傍になる．

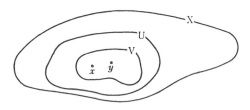

以上を証明してみよう．
(i) は $x \in U^i \subset U$ からあきらか．
(ii) $x \in U^i, x \in V^i$ であれば
$$x \in U^i \cap V^i$$
ところが，iの性質によって
$$U^i \cap V^i = (U \cap V)^i$$
であったから

$$x \in (U \cap V)^i$$
よって $U \cap V$ は点 x の近傍である．

(iii) U は x の近傍だから $x \in U^i$
一方 $U \subset V$ だから, i の単調性によって $U^i \subset V^i$
$$\therefore \quad x \in V^i$$
よって, V は x の近傍である．

(iv) 条件をみたす V を1つ選んでみればよい. それには U^i を V に選ぶ.
U は x の近傍だから
$$x \in U^i = V$$
これと $V^i = U^{ii} = U^i = V$ とから, V もまた x の近傍であることがわかる.
V に属する任意の点を y とすると
$$y \in V = U^i$$
よって, U は y の近傍になる．

×　　　　　　　　×

ある部分集合 A が開集合であるための条件を近傍によって述べたものとしては, 次の定理がある.

(V) 位相空間 X の部分集合 A が開集合であるためには, A が A の任意の点の近傍になることである. すなわち

$\begin{matrix} A & が \\ 開集合 \end{matrix} \iff (x \in A \Rightarrow A \text{ は } x \text{ の近傍})$

これはあとで使うから, 証明しておく.

$\Rightarrow$ の証明

A が開集合ならば, $A = A^i$, よって
$$x \in A \Rightarrow x \in A^i \Rightarrow A \text{ は } x \text{ の近傍}$$

$\Leftarrow$ の証明

$x \in A$ のとき A が x の近傍ならば, 近傍の定義によって $x \in A^i$, よって
$$x \in A \Rightarrow x \in A^i$$
$$\therefore \quad A \subset A^i$$
一方 $A^i \subset A$ であったから

$$A = A^i$$

すなわちAは開集合である．

5. 位相の定め方いろいろ

ここらで，いままでのことを振り返ってみよう．一般の位相空間にはいってから，われわれのたどって来た道は，開集合に関する3つの公理によって空間に位相を定め，それを出発点として，閉集合を定義し，その性質を3つ導いた．次に開核を定義して，その性質を4つ導いた．次に閉包を定義して，その性質を4つ導いた．最後に点の近傍を定義し，その性質を4つ導いた．

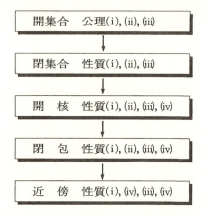

ここで，われわれが抱く当然の疑問は，5つの法則の集りの論理関係である．
「開集合で位相を定める代りに，閉集合で位相を定めることができないか」
「開集合と閉集合は，位相空間では対をなす概念である．部分集合Aが開ならA^{c}は閉で，Aが閉ならA^{c}は開である，というように，10円玉の表と裏，荷車の両輪の関係にある」
「じゃ，閉集合の3つの性質(i),(ii),(iii)を公理にとって，位相を与えられるだろう」
「その通り」
というようなわけで，集合の開と閉のことは，簡単にかたがつく．
「開核を用いたらどうなるか」

「開核の定義をみると，開集合のみを用いている．Aに含まれるすべての開集合の合併がAの開核 A^i であった．逆に開核を用いて開集合を定義することができるなら，開核にいくつかの公理を与えることによって位相を導入できるはずである」

「この予想は正しい．開集合は内点のみからなる集合であるから，A と A^i とが一致する集合と定義できる．開核に関する4つの性質を公理にとって，位相を導入することは，前から試みられている」

「閉包はどうか」

「閉包と開核は対をなす概念である．2つの作用子の間には ic＝ca の関係があった．つまり，集合Aの開核の補集合は，Aの補集合の閉包である」

「補集合を仲人に立てれば，2つの概念は簡単に結びついて，メデタシ，メデタシというわけだな」

「それを論理的に解釈すれば，開核と閉包は同格の概念で，開核でできることは，閉包でもできること．その逆もいえる．閉包に関する4つの性質によって位相を導入することをはじめて試みたのはクラトフスキー（Kuratowski 1896- ）で，閉包に関する4つの公理 (i)〜(iv) を**クラトフスキーの公理系**というのはそのためである」

「最後の近傍はどうか」

「近傍の定義を振り返ってみるとよい」

「点 x の近傍Uは，開核を用いて
$$x \in U^i$$
と定義された．これと同値な定義として，開集合を用いた

$x \in O \subset U$ をみたす開集合Oが存在

というのもあった」

「それを逆に使えば，近傍によって開集合や開核が定義できそうだ」

「それは，すでに，距離空間のとき試みたような気がする」

「これで見当がついたはず．近傍に関する4つの性質を公理にとって，空間に位相を導入することは，すでにハウスドルフ（F. Hausdorff 1868-1942）によって試みられている」

「いたるところ，だれかがやってる感じ．生れるのが遅かったな」

「入門だから止むを得ない．だれかが作った門があるから，あとから入れるわけで，入門の宿命だ．入門で創造のタネをみつけるのは天才のやること」

「なるほど，そこで天才読むべからずか．ところで，この講座のように，最初に開集合を出して位相を導入したのはだれの試みか」

「それはウェイユ (A. Weil 1906-) である」

「位相を導入する方法は，以上で尽るか」

「極限を用いる考えがある」

「だれがやったのか」

「最初にやったのはフレシェ (M. Fréchet 1878-) で，彼はこの空間をL空間と呼んだ．しかしこの試みには欠陥があった．この考えを発展させて完成したのはバーコフ (G. D. Birkhoff 1911-) である」

「歴史的なことは，これぐらいにして，閉包や近傍によって位相を定める方法を具体的に知りたい」

「閉包を用いたクラトフスキーの方法から説明しよう」

×　　　　　×

閉包による位相の導入

空でない集合をXとする．Xの部分集合に他の部分集合を対応させる写像a, すなわち

Xのべき集合からXのべき集合への写像 a を考え，A に対応する部分集合を A^a で表わす．

そして，この写像は，次の4つの条件をみたすとする．

(i) $\phi^a = \phi$

(ii) $A^a \supset A$

(iii) $(A \cup B)^a = A^a \cup B^a$

(iv) $A^{aa} = A^a$

そして，A^a を A の閉包と呼ぶことにする．

このようにして位相を導入した空間を，(X, a) で表わしてみる．

この位相空間は，先に開集合族 **O** によって定めた位相空間 $(X, \mathbf{O})$ と，本質において同じことが知られている．

では，この場合，2つの位相空間が本質において同じであるとはどういう意

味か.

それは，Xの部分集合族 **O** を適当に選ぶことによって，位相空間 (X, **O**) における閉包作用子 a′ が，a と等しくなるようにでき，しかも，a に対して **O** が一意的に定まる，ということである.

その証明は，さほどむずかしくないが，余裕がないから先を急ぐことにする.

×　　　　　×

ハウスドルフの試みた，近傍による位相導入も，以上と似た方法に整理される.

<u>近傍による位相の導入</u>

空でない集合をXとする．Xの各点 x に対して1つずつXの空でない部分集合族 **U**(x) を定め，**U**(x) に属する部分集合 U を点 x の近傍という.

この近傍は次の条件をみたす.

(i) U が点 x の近傍ならば $x \in U$
(ii) U が点 x の近傍，V は X の部分集合で U を含むならば，V も点 x の近傍である.
(iii) U, V が点 x の近傍ならば U∩V も点 x の近傍である.
(iv) U が点 x の近傍ならば，次の条件をみたす x の近傍 V が存在する.
　　U は V の任意の点 y の近傍になる.

このようにして作った位相空間を (X, **U**) で表わそう.

この位相空間は，はじめに定めた位相空間 (X, **O**) と本質的に同じものである．この場合の「同じ」も，閉包で位相を導入した場合の「同じ」と変わらない．すなわち，Xの部分集合族 **O** を適当に選ぶことによって位相空間 (X, **O**) を作り，この位相空間における点 x の近傍全体を **U**′(x) とし，**U**′(x) が **U**(x) と等しくなるようにできる．しかも，**O** は一意に定まる，という意味である.

この証明は専門書にゆずり，先を急ぐことにしよう.

● 6. 連続写像

集合があるだけで写像は考えられる．しかし，これだけでは連続性は考えようがない．集合に位相を与えると，連続性が考察の対象になり，写像の連続が定義される.

では，写像の連続を何によって定義するか.

位相的概念——開集合, 閉集合, 開核, 閉包, 近傍などを用いればよいことは容易に想像できる.

われわれは, 最初に位相を開集合によって定めたのであるから, 連続も開集合によって定義するのが自然であろう. しかし, この定義は, いままで親しんで来た ε, δ-方式, すなわち近傍による定義とかけ離れていて, 不自然に感ずる読者が多いであろう. そこで, 一応開集合によって定義し, そのあとで, その定義は近傍による定義と一致することをあきらかにしよう.

<u>連続写像の定義</u>

2 つの位相空間 $(X, \mathbf{O})$, $(Y, \mathbf{O}')$ があって,

$$X から Y への写像 f$$

が与えられているとしよう. このとき Y の任意の開集合の原像は, 必ず X の開集合になるならば, すなわち,

(1)　**A は Y の開集合** $\Rightarrow$ $f^{-1}(A)$ **は X の開集合** が成り立つならば, f は **連続写像** であるという.

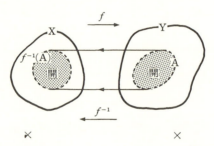

開集合と閉集合は対の概念であったから, 開集合で定義したことは, 容易に閉集合を用いていいかえられる.

Y の任意の閉集合の原像が, 必ず X の閉集合になるならば, すなわち

(2)　**A が Y の閉集合** $\Rightarrow$ $f^{-1}(A)$ **は X の閉集合** が成り立つことは, f が連続写像であるための条件である.

これを証明してみよう.

(1) $\Rightarrow$ (2) の証明

A を Y の閉集合とすると, A^c は Y の開集合である. したがって (1) によって $f^{-1}(A^c)$ は X の開集合である. ところが

$$f^{-1}(A^c) = (f^{-1}(A))^c$$

であるから，$(f^{-1}(A))^c$ はXの開集合，したがって $f^{-1}(A)$ はXの閉集合である．

(2) ⇒ (1) の証明

この証明は上の証明で，開と閉をいれかえて得られるから略す．

×   ×

次に近傍を用いていいかえてみよう．

Xの点 x の像を y とすると，点 y の任意の近傍の原像は点 x の近傍になる．すなわち

(3) Uが y の近傍 ⇒ $f^{-1}(U)$ は x の近傍

これは，f が連続であるための条件である．

これを証明するには (1) ⇔ (3) を示せばよい．

(1) ⇒ (3) の証明

Yの点 y の任意の近傍をUとすると，近傍の定義によって

$$y \in U^i$$

したがって $f^{-1}(y) \subset f^{-1}(U^i)$

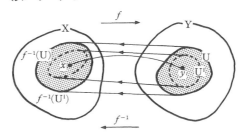

∴ $x \in f^{-1}(U^i)$

ところが $U^i \subset U$ から $f^{-1}(U^i) \subset f^{-1}(U)$

∴ $x \in f^{-1}(U^i) \subset f^{-1}(U)$

U^i はYの開集合であるから，(1) によって $f^{-1}(U^i)$ も開集合である．この開集合をOで表わすと

$$x \in O \subset f^{-1}(U)$$

これは $f^{-1}(U)$ が x の近傍になる条件そのものだから，$f^{-1}(U)$ は x の近傍である．

(3) ⇒ (1) の証明

Yの任意の開集合をUとすると，Uは，それに属する任意の点 y の近傍であるから (3) によって $f^{-1}(U)$ はそれに属する任意の点 x の近傍である．したがって (V) によって $f^{-1}(U)$ はXの開集合である．

近傍による連続写像の定義の都合よい点は，ある1つの点 x での連続も定義できることである．

(3) がある点 x について成り立つときは，f は**点 x で連続**であるという．

したがって，f が連続写像であることは，Xのすべての点で f が連続なことといいかえられる．

× ×

さらに一歩すすめ，連続写像を閉包によっていいかえてみよう．

Xの任意の部分集合をAとするとき，Aの閉包の像が，Aの像の閉包に含まれる．すなわち

(4) $\qquad f(A^a) \subset (f(A))^a$

は，f が連続写像であるための条件である．

これを (2) $\iff$ (4) を示すことによって証明してみる．

(2) ⇒ (4) の証明

AをXの任意の部分集合とし，$f(A)=B$ とおくと，閉包の性質によって
$$B \subset B^a$$
したがって
$$f^{-1}(B) \subset f^{-1}(B^a)$$
ところが $f(A)=B$ のとき $A \subset f^{-1}(B)$ であるから
$$A \subset f^{-1}(B^a)$$
$$\therefore \ A^a \subset (f^{-1}(B^a))^a$$

B^a は閉集合であるから，(2) によって $f^{-1}(B^a)$ も閉集合であり，その閉包はそれ自身に等しい．したがって

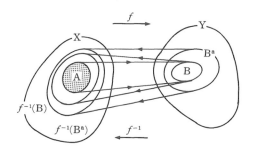

$$A^a \subset f^{-1}(B^a)$$
両辺の像をとって
$$f(A^a) \subset B^a$$

(4) ⇒ (2) の証明

Yの閉集合をBとして $f^{-1}(B) = A$ とおき,Aは閉集合になることをいえばよい. $f^{-1}(B) = A$ から $f(A) \subset B$
$$(f(A))^a \subset B^a$$
ところが (4) によって $f(A^a) \subset (f(A))^a$ であるから
$$f(A^a) \subset B^a$$
Bは閉集合であるから $B^a = B$
$$\therefore \ f(A^a) \subset B \quad \therefore \ A^a \subset f^{-1}(B)$$
$$A^a \subset A$$
ところが,つねに $A^a \supset A$ だから
$$A^a = A$$
よってAは閉集合である.

×　　　　　　　×

連続写像がわかれば,位相写像の定義は簡単である.

2つの位相空間 X, Y があって,写像
$$f : X \longrightarrow Y$$
が単射で,かつ全射であるとき,f と f^{-1} がともに連続であるなら,f は**位相写像**であるという.

さらに,2つの位相空間 X, Y があって,もし位相写像 $f : X \longrightarrow Y$ が存在するなら,XとYは**同位相**であるという.

位相写像によって保存される性質,いいかえれば,同位相な位相空間に共通な性質のことを**位相的性質**という.

次の概念はいずれも位相的性質である.

　　開集合,閉集合,開核,閉包,近傍

さくいん

あ～お

アルキメデスの公理	62
アレフゼロ	48
暗箱	38
位相	235
位相空間	235
位相構造	235
位相写像	173, 253
位相的性質	173, 253
位相的双対性	241
一意対応	36
一項演算	13
１次元ユークリッド空間	128
一対一対応	37
一様連続写像	189
ウェイユ	248
上に有界	33
n 次元ユークリッド空間	128
覆う	70

か～こ

開核	238
開核作用子	238
開球体	136
開集合	155, 235, 238
外点	151
外部	151, 241
可算開基底	211
可算個	48
可算集合	48
下限	31
合併集合	9
可分	200
カントルの縮小閉区間列の定理	69
完備	91, 214
ε 近傍	148
基本列	56, 90, 213
逆写像	44
逆対応	35
球	136
球体	136
球面	136

吸収律	20
境界	151, 242
境界点	151
共通集合	8
共通部分	8
極限値	108
極限点	162
距離	78, 124, 141
距離関数	124
距離空間	129
近傍	80, 243
空集合	9
クラス	26
クラス分け	26
クラトフスキー	247
グラフ	23
下界	32
減少数列	67
コーシー列	90, 213
原像	35
合成写像	40
恒等写像	42
合同変換	134
孤立点	84, 160, 243

さ～そ

差	14
差集合	14
最大元	30
三角不等式	79, 125
3 項関係	22
写像	37
下に有界	33
終域	37
集合族	18, 49
集積点	82, 160, 243
収束する	161
順序	27
順序関係	27
順序集合	28
順序対	15
上界	32

上限	31
触集合	152, 239
触点	152
真理集合	23
推移律	25
制限完備性	60
全射	43
全順序集合	28
全体集合	13
全有界	198
像	35
増加数列	67
双対な命題	241
相等	6

た ～ と

対応	34
対応図	23
対称律	25
第2可算公理	202
代表元	27
単射	43
単調増加数列	67
単調減少数列	67
値域	39
直径	140
直積	16
直積距離空間	132
強い関係	6
強い順序	29
定義域	37
定式化	234
デデキントの切断	56
デデキントの連続の公理	59
点	235
点列	79
添数集合	49
同位相	173, 253
等距離写像	134
導集合	243
同値関係	24

な ～ の

内点	150
内部	151, 238

2項演算	9
2項関係	22
2次元ユークリッド空間	128
濃度	47
ノルム	221

は ～ ほ

ハイネーボレルの被覆定理	73
ハウスドルフ	247
バーコフ	248
ハッセ(Hasse)の図	29
バナッハ(Banach)空間	224
反射律	25
反対称律	27
等しい	16
被覆	70, 197
ヒルベルト空間	225
部分集合	6
プレコンパクト	198
フレシェ	248
分配律	11
閉集合	152, 237
閉包	152, 239
閉包作用子	240
べき集合	18
べき等律	11
ベクトル空間	221
補集合	13

ま ～ も

交わり	8
結び	9

や ～ よ

有界	33
有限被覆	197
ユークリッドの距離	127
ユークリッド平面	127

ら ～ ろ

リンデレーフ空間	204
類	26
類別	26
連続	115, 167, 252

わ ～

ワイエルストラスの公理	61
和集合	9

著者紹介：

石谷 茂（いしたに・しげる）

大阪大学理学部数学科卒

主　書　教科書にない高校数学
　　　　大学入試数学の五面相（上下）
　　　　大学入試　新作数学問題100選
　　　　∀と∃に泣く
　　　　ε-δに泣く
　　　　MaxとMinに泣く
　　　　DimとRankに泣く
　　　　2次行列のすべて
　　　　無限大の魔術
　　　　エレガントな入試問題解法集（上下）　（以上 現代数学社）

天才・数学者読むべからず
新装版　初めて学ぶトポロジー

2019年8月20日　新装版1刷発行

検印省略

© Shigeru Ishitani, 2019
Printed in Japan

著　者　石谷　茂
発行者　富田　淳
発行所　株式会社　現代数学社
　　　　〒606-8425 京都市左京区鹿ヶ谷西寺ノ前町1
　　　　TEL 075 (751) 0727　FAX 075 (744) 0906
　　　　https://www.gensu.co.jp/

装　幀　中西真一（株式会社CANVAS）
印刷・製本　亜細亜印刷株式会社

ISBN978-4-7687-0515-5

● 落丁・乱丁は送料小社負担でお取替え致します．
● 本書のコピー、スキャン、デジタル化等の無断複製は著作権法上での例外を除き禁じられています。本書を代行業者等の第三者に依頼してスキャンやデジタル化することは、たとえ個人や家庭内での利用であっても一切認められておりません。